Klaus-Dieter Becker

EXPERTENSYSTEME STEUERN DIE CAD/CAM-ANWENDUNG

Aus dem Programm
Rechnergestützte Produktionstechnik

CIM-Handbuch
Wirtschaftlichkeit durch Integration
von Uwe Geitner (Hrsg.)

CIM-Lexikon
Begriffe von A – Z
von S. Vajna und J. Schlingensiepen

CAQ
Qualitätssicherung unter CIM-Zielen
von J. Bläsing

CIM-Produktionsleitsystem
von G.-U. Becker-Biskaborn und A. Siegmann

Wissensbasierter CIM-Leitstand
von J. Schwinn

Expertensysteme steuern die CAD/CAM-Anwendung
von K. D. Becker

CIM-Basiswissen für die Betriebspraxis
Für Unternehmer und Führungskräfte
von G. Paul

CAD mit AutoCAD
Eine umfassende Einführung für alle AutoCAD-Versionen einschließlich 9.0
von E. Hering und U. Fallscheer

AutoCAD – Grundkurs
Lehr- und Übungsbuch
von H. G. Harnisch, J. Kretzschmer und Th. Wesseloh

AutoCAD – Aufbaukurs
Lehr- und Übungsbuch
von H. G. Harnisch und J. Neuberger

Reihe „Fortschritte der Robotik“
herausgegeben von W. Ameling und M. Weck

Vieweg

Fortschritte der CIM-Technik 2

Klaus-Dieter Becker

EXPERTENSYSTEME STEUERN DIE CAD/CAM-ANWENDUNG

Synergieeffekte durch Software-Kopplung

Herausgegeben von Uwe W. Geitner

Mit 49 Bildern

Die Deutsche Bibliothek – CIP-Einheitsaufnahme

Becker, Klaus-Dieter:
Expertensysteme steuern die CAD-CAM-Anwendung: Synergieeffekte durch Software-Kopplung / Klaus-Dieter Becker. Hrsg. von Uwe W. Geitner. – Braunschweig; Wiesbaden: Vieweg, 1992
(Fortschritte der CIM-Technik; 2)

NE: GT

Fortschritte der CIM-Technik
Exposés oder Manuskripte zu dieser Reihe werden zur Beratung erbeten unter der Adresse: Verlag Vieweg, Postfach 58 29, D-6200 Wiesbaden oder direkt an den Herausgeber.

Herausgeber:
Prof. Dr. Uwe W. Geitner
Gesamthochschule Kassel – Universität
Fb 15 – Maschinenbau
Mönchebergstraße 7
D-3500 Kassel

Autor:
Dipl.-Ing. Klaus-Dieter Becker
Volkswagen Kassel
3500 Kassel Baunatal

Der Verlag Vieweg ist ein Unternehmen der Verlagsgruppe Bertelsmann International.

Umschlaggestaltung: Wolfgang Nieger, Wiesbaden
Druck und buchbinderische Verarbeitung: Langelüddecke, Braunschweig
Gedruckt auf säurefreiem Papier

ISBN 978-3-528-06446-4 ISBN 978-3-322-89466-3 (eBook)
DOI 10.1007/978-3-322-89466-3

Inhaltsverzeichnis

Vorwort

Seit Mitte der 80er Jahre halten in den Konstruktionsbüros die CAD/CAM-Systeme (Computer Aided Design, Computer Aided Manufacturing) Einzug. Durch die leistungsstarken Personal-Computer (PC) und PC-CAD/CAM-Systeme steht die Technik heute auch kleineren Firmen zur Verfügung.

Der Konstruktionsalltag wurde durch den Einsatz der neuen Technik in der Regel nicht verändert, CAD (Computer Aided Design) wird überwiegend zur reinen Zeichnungserstellung eingesetzt. Vorteile für die Konstruktion beschränken sich auf eine Erhöhung der Zeichnungsqualität durch den Einsatz von Makros und Variantenkonstruktionen. Der Einsatz der neuen Technik ändert nichts daran, daß der Konstrukteur aufgrund seines Wissens und seiner Erfahrung die Konstruktionselemente in der Entwurfsphase intuitiv auswählen muß.

Eine Möglichkeit, den Konstrukteur weitergehend bei seinen Tätigkeiten zu unterstützen, ist der Einsatz von wissensbasierten Systemen. Erst langsam setzt sich der Gedanke durch, daß wissensbasierte Systeme als Teil einer größeren Anwendungsumgebung eingesetzt werden können.

Thema dieser Veröffentlichung ist die weiterführende Überlegung, wie einzeln genutzte Werkzeuge in den Bereichen KI (Künstliche Intelligenz) und CAD zu einem umfassenden Werkzeug kombiniert werden können. Dabei kann akzeptiert werden, daß die einzelnen Werkzeuge nicht zu einem neuen System verschmolzen (systemintegriert) werden, vielmehr geht es um die Kopplung, den Datenaustausch zwischen den Werkzeugen als einer geeigneten Datenübertragung vom CAD/CAM- zum KI-System und umgekehrt. Die KI- sowie die CAD/CAM-Komponente sind eigenständige Softwaremodule mit eigener Datenhaltung. Ein Interface steuert den Informationsfluß zwischen den Systemen.

Im folgenden wird nicht näher auf die bisherigen Entwicklungen und die grundlegenden Möglichkeiten dieser Werkzeuge eingegangen. Zur Einführung in diese Themen stehen Publikationen in reichhaltiger Auswahl zur Verfügung.

1. Einführung

1.1. Kopplung der KI und CAD/CAM-Technik

Jeder Konstrukteur erarbeitet sich im Laufe seiner Tätigkeit Algorithmen (nach einem bestimmten Schema ablaufende Verfahren) zur Bearbeitung der gestellten Aufgaben. Eines der wichtigsten Arbeitsmittel sind seine Erfahrungen, die er in nicht niedergeschriebener Form, also im Geist gespeichert hat. Er weiß, daß er im Laufe seiner Tätigkeit ähnliche Probleme schon einmal gelöst hat. Oft wird unbewußt und für ihn selbst nicht im einzelnen nachvollziehbar die aktuelle Situation mit Bekanntem verknüpft, und er kommt so zu einem Ergebnis. Dabei wird assoziiert, welche Fehler gemacht wurden, warum sie gemacht wurden, wie sie korrigiert wurden usw. Intuitiv macht er das Richtige, und intuitiv verhält er sich bei neuen Situationen richtig. Außerdem benutzt er Unterlagen die ihm bei der geistigen Assoziation des gestellten Problems helfen. Das können Niederschriften in einem Notizbuch sein, in dem er seine Konstruktionen der vergangenen Jahre stichwortartig dokumentiert hat. Das sind Auszüge aus Zusammenbau- oder Einzelteilzeichnungen, die besondere Lösungen zu einem gestellten Problem beschreiben (privater Lösungskatalog). Das sind technische Unterlagen, die ein konstruiertes Produkt beschreiben. Scheidet dieser Mitarbeiter, durch welche Gründe auch immer, aus dem Unternehmen aus, sind die Erfahrungen ebenfalls verloren. Mit den persönlichen Niederschriften kann niemand, außer dem Autor, etwas anfangen, es fehlt die Information aus dem Erinnerungsvermögen, die zusammen mit den Notizen eine Dokumentation ausmachen.

Was kann hier der Einsatz der CAD/CAM-Technik bewirken? Die CAD/CAM-Technik ist nur in beschränktem Umfang in der Lage, Expertenwissen zu halten. Natürlich gibt es hervorragende Möglichkeiten der Strukturierung und damit auch der Darstellung von verschiedenen Lösungsmöglichkeiten zu einem gestellten Problem. Die Auszüge aus den Zusammenbau- und Einzelteilzeichnungen stehen schneller und umfangreicher zur Verfügung als bei der konventionellen Vorgehensweise. Das ist aber wie beschrieben nur ein Teil der Dokumentation, die einem langjährigen Mitarbeiter bei der Problemlösung helfen. Die heuristischen Informationen können in einem CAD/CAM-System nicht dargestellt werden.

"Der Anwendungsschwerpunkt konventioneller CAD-Systeme liegt bei der Erfassung eines Endzustandes konstruktiver Daten nach Abschluß des eigentlichen Konstruktionsprozesses. CAD-Systeme bieten bei der Ideenfindung und -formulierung, bei der Informationsbeschaffung und -analyse oder bei der Entscheidungsunterstützung und -verifizierung keine beziehungsweise nur geringe Unterstützung"[10].

Ziel einer Systemkopplung zwischen der KI- (Künstliche Intelligenz) und CAD/CAM-Technik ist die Integration der vorhandenen heuristischen (nicht analytisch darstellbaren)

Informationen in die DV-Welt eines Unternehmens. Zu berücksichtigen ist außerdem, wie Daten von anderen DV-Systemen (Produktions Planungs- u. Steuerungssystem, Computer Aided Quality usw.) übernommen, strukturiert und in eine Systemkopplung eingebracht werden können.
Grundidee für die Darstellung des Wissens ist die Abstraktion und Konkretisierung der Konstruktionsinformation auf Funktionselemente. Die Beschreibung der Konstruktion erfolgt außerhalb des CAD/CAM Systems im Expertensystem. Basis der Beschreibung sind geometrische Grundelemente und deren Beziehung zueinander, dargestellt durch räumliche Relationen.

1.1.1. Heutige Probleme in den Fachabteilungen

In der Konzeptions- und Entwurfsphase müssen über problem- und erfahrungsspezifisches Wissen Funktionselemente ausgewählt und zur Lösung der gestellten Aufgabe in Einklang gebracht werden. In den überwiegenden Fällen ist dieses Know How heuristisches Wissen, das durch Algorithmen nicht vollständig zu beschreiben ist. Die Qualität einer Lösung ist abhängig von der Qualifikation und den Erfahrungen der Mitarbeiter.
Bei der Standardisierung der Konstruktionstätigkeit gibt es Probleme durch den großen Umfang von Anforderungen an die Funktionselemente. Ausgehend von den Geometrien der benachbarten Funktionselemente und -baugruppen, wird die Zahl der möglichen kombinierbaren Varianten eines Funktionselementes unübersehbar.
Das Konstruieren faßt im Prozeß des Entwerfens Werkstoffe, Kraftflüsse, Oberflächenbeschaffenheiten, Werkstück- und Planungsinformationen usw. zusammen, indem deren Zusammenwirken durch heuristische Entscheidungen (vorläufige Annahmen zum Zweck des besseren Verständnisses) aufeinander abgestimmt wird. Die Möglichkeit, heuristische Entscheidungen bei der Auswahl der Funkionsbaugruppen mit Hilfe einer CAD/CAM-Bibliothek oder eines konventionellen Konstruktionskataloges zu berücksichtigen, ist nicht gegeben.
Zu den begrenzten Möglichkeiten der CAD/CAM-Systeme kommen weitere Probleme in der Konstruktion, die nach einer Lösung verlangen.

- Sicherung des eigenen Know How betreiben. Einmal gesammeltes Wissen muß unabhängig von Einzelpersonen erhalten bleiben.
- Die Konstruktionstechnik setzt Grundlagenkenntnisse in vielen Fachgebieten voraus. Dieses Wissen muß schnell und unabhängig im Unternehmen verfügbar sein.
- Qualitativ hochwertige Konstruktionen müssen in einem Minimum an Zeit erstellt werden.
- möglichst schnelle Umsetzung eines Kundenwunsches in ein konkretes Produkt bei kundenspezifischer Einzelteillösung

- Nichtfachleute, wie z.B. neue Mitarbeiter, sind in die vorhandenen Standards einzuführen.
- Doppelkonstruktionen müssen vermieden werden.
- Die Rationalisierungsnotwendigkeit liegt nicht mehr in den der Fertigung, sondern in den der Fertigung vorgelagerten Bereichen, Arbeitsvorbereitung , NC-Programmierung und Konstruktion. Die Durchlaufzeiten in diesen Bereichen werden immer länger. In den Bereichen der Einzelteil- und Kleinserienfertigung ergeben sich erhebliche Probleme.
- Der Zugriff auf unterschiedliche Informationsträger ist eine den gesamten Konstruktionsprozeß begleitende Tätigkeit und stellt einen wesentlichen Kostenanteil bei der Lösungsfindung dar.

Als Werkzeug zur Lösung der anfallenden Aufgaben bietet sich ein wissensbasiertes System an. Die Zielrichtung für die Systemkopplung ist die wissensbasierte Konstruktion.

1.2. Erwartete Ergebnisse

Die Wissensverarbeitung in Form des Expertensystems soll aus dem heuristischen Wissen (Erfahrungen, Annahmen, Daumenregeln) über Regel- und Schlußfolgerungsmechanismen Aussagen über die Kombinierbarkeit und die Verhaltensmerkmale von Funktionselementen ableiten. Es hat die Aufgabe, die algorithmierbare Bibliothek in CAD/CAM-Systemen mit den nicht in Regeln faßbaren logischen Schlußfolgerungen aus dem fachspezifischen Wissen des Konstrukteurs informationstechnisch zusammenzuführen. Außerdem soll die Lernfähigkeit und der Entscheidungsprozeß unterstützt und der Konstrukteur zunehmend auch von Routine-Denkprozessen entlastet werden, so daß er sich verstärkt mit dem schöpferischen Teil der Aufgaben und Tätigkeiten bei der Entwurfsarbeit beschäftigen kann. Der Konstrukteur arbeitet in seiner gewohnten CAD/CAM-Umgebung, die durch zusätzliche Optionen (Untermenüs) für die wissensbasierte Unterstützung erweitert wird.

2. Einsatz der KI- und CAD/CAM Technik im Konstruktionsbereich

2.1. Einsatz der CAD-Technik

Heutige CAD-Anwendungen werden hauptsächlich bei der Varianten- (auf Ähnlichkeit basierende) und Anpassungskonstruktion eingesetzt. Bei einem großen deutschen Unternehmen wurden Untersuchungen über die Häufigkeitsverteilung nach Konstruktionsarten durchgeführt. Etwa 25% der Konstruktionsarbeit ist Variantenkonstruktion, 50% ist Anpassungskonstruktion und etwa 25% sind Neukonstruktionen. Die Erfahrung zeigt, daß sich im Bereich der Neukonstruktion durch den Einsatz der CAD-Technik keine Produktivitätssteigerungen gegenüber der konventionellen Technik erreichen läßt.

Die Effektivität des CAD/CAM-Systems kann, wenn die Systeme (durch Makros) auf eine Anwendung zugeschnitten werden (Anwendungssystem), wesentlich gesteigert werden. Die Integration in Prozeßketten und ein damit verbundener Datentransfer zwischen der Konstruktion und anderen Bereichen, wie Produktionsplanungssystemen und CAQ, wird durch speziell ausgelegte Systeme ermöglicht.

Anwendungsspezifische Konstruktionssysteme, die einen eng umgrenzten Bereich mit einer starren Konstruktionslogik abdecken, sind sehr effektive Konstruktionssysteme, bei denen das Fach- und Steuerungswissen fest programmiert ist. Die Anwendungssysteme weisen gegenüber den Basissystemen erhebliche Verkürzungen in der Bearbeitungszeit auf [6].

2.2. Einsatz der KI-Technik

Eine Weiterentwicklung der anwendungsspezifischen Konstruktionssysteme ist der Einsatz von Expertensystemen im Konstruktionsprozeß und deren Anbindung an CAD/CAM-Systeme. Die Produktivität von Anwendungssystemen läßt sich durch die Integration des Expertenwissens erheblich steigern und geht über die reine Dokumentationsfähigkeit der Basissysteme hinaus.

In dem Anwendungsbereich der KI-Technik werden Computerprogramme entwickelt, die das Wissen und Verhalten von Experten beim Lösen einer bestimmten Aufgabe im Rechner abbilden. Expertensysteme die in der Praxis häufig auch als wissensbasierte Systeme bezeichnet werden, sind Programme, die Wissen über ein genau definiertes Gebiet enthalten. Bei einem zu lösenden Problem kommt das im System vorhandene Wissen des Experten unter der Verwendung bestimmter Ablaufstrategien zur Anwendung, um aus dem vorgegebenen Wissen Schlüsse ziehen zu können. Im Gegensatz zu einem herkömmlichen Programm kann dieses Wissen auch heuristischer Natur sein, d.h. zur Problemlösung ist die Anwendung von Wahrscheinlichkeitsaussagen möglich.

"Der Einsatz von Expertensystemen erscheint dort sinnvoll, wo Experten in einem eng abgegrenzten Gebiet über komplexes Wissen verfügen, keine ausgearbeiteten Algorithmen vorliegen und keine vollständigen Theorien existieren.
Ein anderes Einsatzgebiet ist zu sehen, wenn es zwar Theorien gibt, es aber praktisch nicht möglich ist, alle theoretisch denkbaren Fälle durch Algorithmen in vernüftiger Zeit abzuarbeiten *(Bild 2.1)*. In dieser Situation wird das Erfahrungswissen des Experten benötigt, um in akzeptabler Zeit zu einer Lösung zu kommen. Solange diese Lösung nachvollziehbar und die Problemstellung überschaubar ist, liegt eine Konstellation vor, die mit einem Expertensystem nachgebildet werden kann.

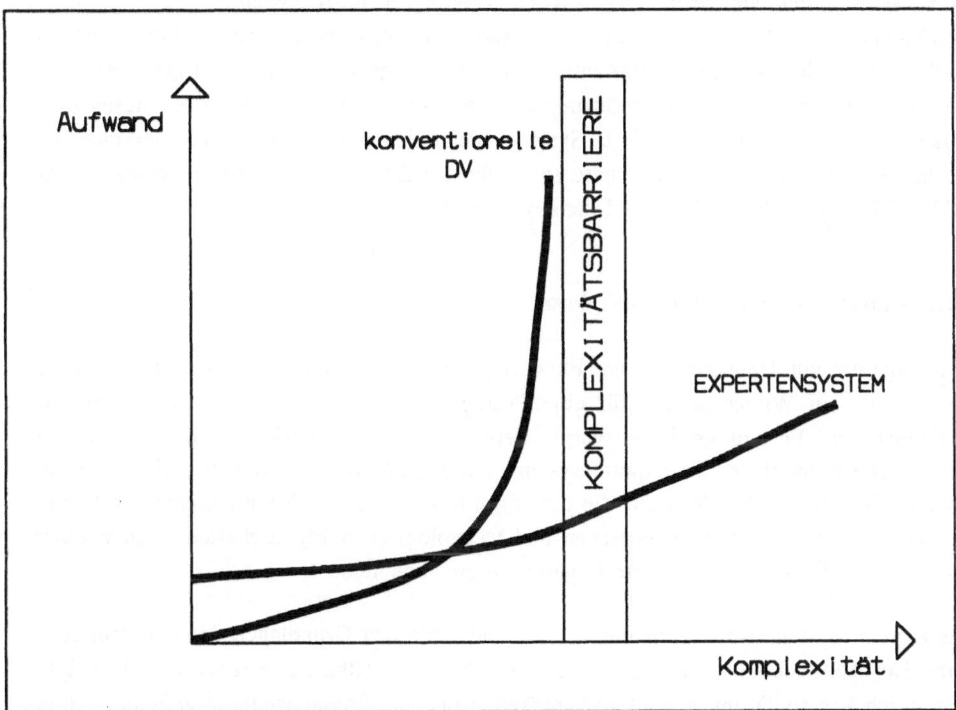

Bild 2.1: Die Wissensverarbeitung ermöglicht das Überwinden der Komplexitätsbarriere

Da die Strukturierung und Implementierung des Expertenwissens arbeitsintensiv ist, lohnt der Aufwand für die Entwicklung eines Expertensystem nur, wenn dasselbe Wissen über einen längeren Zeitraum ständig von möglichst vielen Personen benötigt wird "[12].

Expertensysteme unterstützen dann, daß

- Fehler bei komplexen Routineaufgaben vermieden werden,
- Spezialistenwissen rascher verbreitet werden kann,
- Fehler früher diagnostiziert werden können,
- Entwurfsaufgaben vollständiger und konsistenter werden.

Haupteinsatzgebiete für Expertensysteme sind Systeme zur Konfiguration, Diagnose, Prozeßführung und Überwachung [2].
Die heutigen Wissenssysteme sind auf sehr engumgrenzte Aufgabenstellungen beschränkt und nicht fähig, Schlußfolgerungen aufgrund von Axiomen oder allgemeinen Theorien zu treffen. Auch die Möglichkeit zur Selbstreflexion, dem Lernen aus Erfahrungen, um so zu besseren Lösungen und Lösungsstrategien zu kommen, ist bei ihnen nicht gegeben. Sie sind lediglich fähig, Analogieschlüsse zu ziehen, und ihre Leistungsfähigkeit nimmt sehr rasch ab oder geht gegen Null, wenn zu lösende Probleme über das Wissensgebiet hinausgehen, für das sie erstellt wurden. Andererseits zeichnen sich Expertensysteme auch dadurch aus, daß sie keine subjektiven Urteile abgeben oder voreilige Schlüsse ziehen.
Im Gegensatz zur Neukonstruktion, die methodisch meist schwer faßbar bleibt, ist die KI-Technik für den Bereich der Varianten- und Anpassungskonstruktion sehr geeignet.
Eine Unterstützung der Wissensumsetzung und Überprüfung der Ergebnisse bei diesen Konstruktionsarten durch wissensbasierte Systeme bietet sich bei der Informationsbeschaffung und der Konzept- sowie Entwurfsphase an. In diesem Zusammenhang ist es denkbar, Auswahlverfahren zu unterstützen, die Teile aus Bibliotheken bestimmen.

2.2.1. Unterstützung der Entwurfsphase

Grundlage für eine Unterstützung der Entwurfsphase in der Varianten- und Anpassungskonstruktion ist ein Wissensmodell für eine Prinzipkonstruktion, in dem Wissensbasen für Funktions- und Fertigungswissen (vergl. Kapitel 2.2.2.1) beinhaltet sind. Funktionselemente werden innerhalb des Expertensystems durch eine Datenstruktur aus mehreren einzelnen Wissensbasen beschrieben, die die Eigenschaften des Funktionselementes reflektieren. Diese funktionalen, geometrischen und technologischen Eigenschaften werden durch das Fach- und Steuerungswissen im Expertensystem abgebildet.

Das Expertensystem arbeitet im Rahmen der methodischen Grundlagen der Konstruktionslehre. Der Konstruktionsprozeß ist in mehrere Schritte einteilbar. Zuerst wird die Prinziplösung durch Kreativität und kognitive Fähigkeiten für eine Problemstellung gefunden. In einem weiteren Schritt wird die Prinziplösung durch Abstraktion und Komprimierung der Wirkprinzipien und Steuerungslogiken beschrieben und in ein rechnerinternes Wissensmodell umgesetzt. Das Fertigungswissen wird diesem Modell durch Vernetzung mit Wissensmodellen über die Fertigungstechnik hinzugefügt. Mit dieser intelligenten Unterstützung entstehen Entwürfe, die technisch und wirtschaftlich optimiert sind.

Die Arbeit des Konstrukteurs ist fachgebietsübergreifend. Er muß das Wissen des Mathematikers, Physikers, Chemikers, Verfahrenstechniker usw. verinnerlichen. In den genannten Fachgebieten gibt es weitere Sparten der Untergliederung des Fachgebietes und damit des Wissens. Ein Konstrukteur kann heute nicht mehr das komplette Wissen parat halten, um den allumfassenden Überblick zu haben. Hier können ihm Expertensysteme bei der Informationsbeschaffung unterstützen. Die Information muß an seinem Arbeitsplatz und auf der Benutzeroberfläche seines CAD/CAM-Systems zur Verfügung stehen.

Der schrittweise Aufbau eines produktbeschreibenden Modells ist Voraussetzung für eine durchgehende Rechnerunterstützung. Dieses Modell besteht aus Funktionsstrukturen und den geometriebeschreibenden Parametern. Ein Expertensystem zur Entwurfsunterstützung enthält Werkzeuge, mit denen für eine konkrete Aufgabe Funktionsstrukturen dargestellt werden. Das Ergebnis einer solchen Expertensystemabfrage sind Funktionsmodule und Funktionsbaugruppen, die zu einem gemeinsamen Ganzen (Verknüpfung von Teillösungen zu Gesamtlösungen), dem Produktmodell, entwickelt (zusammengestellt) werden und die rechnerinterne strukturierte Zusammenfassung aller Einzelinformationen zu einem Produkt enthalten [5].

Der Konstrukteur kann also über vordefinierte Funktionselemente und -baugruppen, die durch das Expertensystem entwickelt werden, Konzeptvarianten erstellen und diese bis zum Produktmodell weiterentwickeln.

2.2.1.1. Parametrisierung

Bei der Parametrisierung handelt es sich um Algorithmen, die bei festgelegter Funktionsstruktur, Anordnung und Gestalt der Funktionselemente, nur den Wert einer Größe verändern, also eine Konstruktion mit festem Prinzip.

Die Regeln, die die Parametrisierung der Geometrie im Expertensystem steuern, wurden bisher bei den CAD/CAM-Systemen durch Programme realisiert. Sehr oft handelt es sich dabei um Fortranprogramme, die zur Parametrisierung einzelner Funktionselemente eingesetzt werden. Diese Programme sind in der Regel schlecht dokumentiert. In den meisten Fällen übernimmt ein Konstrukteur, der in die Programmierung der CAD/CAM-Systeme eingearbeitet ist, die Aufgabe der Variantenprogrammierung. Der Anstoß für die Programmierung ergibt sich aus dem Konstruktionsalltag durch Problemstellungen, die öfter zur Bearbeitung anstehen. Der Konstrukteur faßt den Entschluß zur Programmierung. Dabei steht er unter Zeitdruck, da er einen Termin für die Fertigstellung der eigentlichen Konstruktionsaufgabe vorliegen hat. Ist das Programm realisiert, und das Ergebnis entspricht den Erfordernissen, wird die Konstruktionsaufgabe fertiggestellt, die Dokumentation kommt zu kurz. Der "programmierende Konstrukteur" benötigt keine Programmdokumentation, da er sehr tief im Thema steckt. Eine Weiterentwicklung oder Fehlersuche durch andere Personen ist aber ohne Dokumentation fast unmöglich. Der Zeitaufwand für die Einarbeitung ist ohne Dokumentation so groß, daß unter Umständen eine Neuprogrammierung des Problems kostengünstiger ist. Hier haben wissensbasierte Systeme einen großen Vorteil, wenn sie Erklärungskomponenten für die Erläuterung eines programmierten Sachverhaltes vorsehen. Der Ersteller von Wissensbasen ist dann gezwungen, seinen erstellten Algorithmus zu dokumentieren. Besonders komplexe Problemlösungen werden in Zukunft nur noch unter Einbeziehung von Wissensbasierten Systemen mit einem vertretbaren wirtschaftlichen Aufwand erstellt und gewartet werden können.

Im Expertensystem erfolgt die Parametrisierung der Funktionselemente und die Verknüpfung zu einer Funktionsbaugruppe über die Beschreibung der Wirkstrukturen.

Die heutigen Systeme sind noch nicht in der Lage, ohne Vorgabe einer Zielrichtung ein allübergreifendes Konstruktionssystem auf der Basis eines Expertensystems abzubilden. Es ist unrealistisch anzunehmen, der Entwurf einer kompletten Konstruktionsaufgabe, besonders bei komplexen Problemstellungen, könne selbständig von einem Expertensystem gelöst werden. Die Komplexität der Aufgabe muß durch Bildung von Teilaufgaben begrenzt und automatisierbar gemacht werden. Dies ergibt einen abgesteckten Rahmen, mit dem der Umfang der Wissenserhebung begrenzt bleibt. Außerdem ist es sicher nicht sinnvoll, alle Konstruktionsaufgaben des Betriebes komplett in einem solchen System abzubilden. Der Aufwand würde sich im Verhältnis zu den späteren Einsparungen nicht rechnen. Vor der Entwicklung von DV-Systemen sind die Aufgaben des Arbeitsumfeldes zu untersuchen, um geeignete Problemstellungen für die Automatisierung zu selektieren. Die Ergebnisse der Untersuchung müssen in einem zweiten Schritt unter dem Gesichtspunkt der Standardisierung analysiert werden, wobei die Konstruktionen der Vergangenheit unter den Restriktionen der Zielrichtung zu neuen Lösungen zusammengestellt werden. So ergibt sich ein Spektrum von Funktionen, die durch immer neue Problemstellungen in den gestellten Konstruktionsaufgaben konkretisiert werden müssen. Bezogen auf diese Funktionen werden Wissensbasen definiert, die die Funktion bezogen auf ihre Wirk- und Funktionsstrukturen beschreibt. Das bedeutet, daß dieses Konstruktions- und Fertigungswissen für eine Funktionsbaugruppe in einem umfassenden, rechnerinternen Modell abgebildet wird. Die Wissensbasis des Expertensystems ist damit in der Lage, Parameter zu definieren, die später im CAD/CAM-System zur Modellierung der Funktionsbaugruppe notwendig sind. Wie die Struktur der Parameter aussieht, wird im weiteren konkretisiert.

2.2.2. Unterstützung der Informationsbeschaffung

"Die Informationsverarbeitung ist ein zentrales Geschehen im Konstruktionsprozeß; der Konstrukteur beschafft sich Informationen, verarbeitet diese und gewinnt neue Informationen, die er wieder zur Verfügung stellt. Dieser Informationsumsatz nimmt etwa 25% der Arbeitszeit in Anspruch. Durch die Kurzlebigkeit vieler Produkte wird die Anzahl der in einem Zeitraum zu schaffenden neuen Produkte größer, die Zeit zu deren Lösung bei gleicher Kapazität aber geringer. Durch wirtschaftliche und technologische Abhängigkeit wächst der Informationsbedarf und die zu berücksichtigende Informationsmenge ständig. Der Konstrukteur ist gezwungen, sich eingehend zu informieren. Daraus resultiert, daß der Zeitbedarf zur Informationsbeschaffung weiter steigen wird. Aus zeitlichen und terminlichen Gründen können nicht alle Informationen beschafft werden, andererseits ist er aus Optimierungsgründen gezwungen, alle erforderlichen Informationen einzuholen und auszuwerten. Will der Konstrukteur den gestiegenen Anforderungen gerecht werden, ohne seine Kostenverantwortung zu vernachlässigen, muß er über Hilfsmittel verfügen, die ihn bei seiner Arbeit unterstützen [1]".

Dabei ist es zunächst wichtig zu untersuchen, welches Wissen im Rahmen des Konstruktionsprozesses relevant ist. Für die Modellierung des Konstruktionswissens muß es möglich sein, logische und funktionale Zusammenhänge zwischen den unterschiedlichen Wissensbereichen zu formulieren.

2.2.2.1. Wissen in der Fachabteilung

In erster Linie sind das die Erfahrungen und das Fachwissen des einzelnen Konstrukteurs, als weiteres das Wissen der Kollegen, nicht nur in der eigenen Abteilung, sondern im gesamten Betrieb. Dieses Wissen ist größtenteils dokumentiert in Werksnormen, Konstruktionsrichtlinien, Fachliteratur usw. Der Konstruktionsprozeß verlangt wie schon beschrieben interdisziplinäres Wissen aus verschiedenen Bereichen, das in Fach- und Steuerungswissen einteilbar ist.

Fachwissen
Das Fachwissen gliedert sich in Funktions- und Fertigungswissen *(Bild 2.2)*, jeweils mit den Unterpunkten allgemeines Wissen und produkt- und firmenspezifisches Wissen. Es handelt von Wirkprinzipien und geometrischen Strukturen. Das Fachwissen des Konstrukteurs läßt sich weitgehend als deklaratives Wissen abbilden, bestehend aus Fakten und logischen Beziehungen zwischen den Fakten.

Fertigungswissen
Der Umfang, die Verfügbarkeit und der Nutzen des Fertigungswissens im Konstruktionsprozeß entscheiden über die Qualität der Fertigungsunterlagen und damit auch über die Durchlaufzeit, die Kosten und die Qualität eines Produktes.

Funktionswissen
Der Konstrukteur denkt vornehmlich in Funktionen und erst in zweiter Linie an die Herstellung (Fertigung). Die Funktionen beinhalten Informationen zu Wirkprinzipien. Das sind letztlich physikalische Effekte, die physikalische Größen und die Abhängigkeit zwischen Ursache und Wirkung abbilden sowie die Anfälligkeit gegen Störeinflüsse [7].

Steuerungswissen
"Das Steuerungswissen reicht von Rechnungsgängen, über betriebliche Abläufe bis zu den globalen Regeln über die Reihenfolge der Aktivitäten beim Konstruieren. Hier kommt vor allem die Erfahrung des Konstrukteurs zum Tragen" [3]. Dieser Wissensbereich ist durch prozedurale Strukturen in Expertensystemen abbildbar. Im technischen Bereich wird Steuerungswissen über Parameterabhängigkeiten in Formeln, Tabellen und Diagrammen aufbereitet.

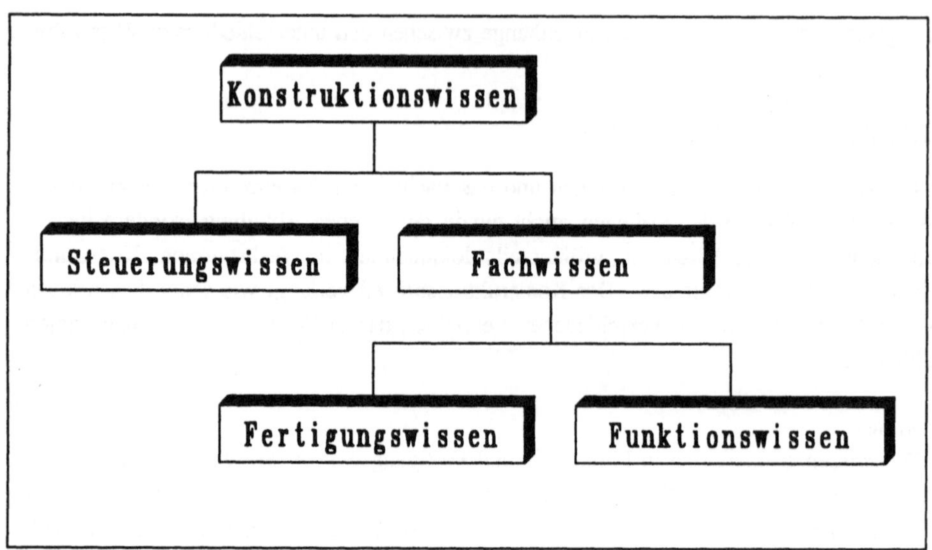

Bild 2.2: Struktur des Wissens in der Fachabteilung

2.2.2.2. Informationsträger

Normen (DIN)

"In Normen ist das Wissen dargestellt in Gestalt von Begriffsdefinitionen und Erläuterungen, geometrischen Formen in Verbindung mit Merkmaltafeln, Verweise auf andere Normen. Besonders häufig ist die Baureihennorm, in der für eine bestimmte Form alle geometrischen Ausprägungen in einer Merkmalstafel festgehalten sind"[3].
Normung soll grundsätzlich zu einer sinnvollen Vereinheitlichung führen. Es wird dabei versucht, verschiedene Dinge unter einem Begriff zu vereinigen, anderseits aber nur so viele verschiedenartige Dinge wie unumgänglich notwendig zuzulassen.

Werksnormen

Diese Art der Normen werden von einem Unternehmen auf der Grundlage eigener Bedürfnisse im Betrieb zusammengestellt. In der Regel bilden nationale und internationale Normen eine Teilmenge der Werksnormen. Zusätzlich beinhalten sie standardisierte Bauelemente, die innerhalb des Betriebes zur Norm erklärt werden. Die Werksnorm kann auch Auszüge von Lagerlisten, Aufstellungen von vorhandenen Fertigungsmitteln und Zulieferteilen, die im Rahmen der Instandhaltung bevorzugt eingesetzt werden sollen, umfassen.
Außerdem wird durch die Werksnorm die Nummerungstechnik des Unternehmens festgelegt. Die Nummerungstechnik ist das technisch-organisatorische Hilfsmittel, das nicht nur Grundlage einer rationellen Datenverarbeitung, sondern auch Ordnungsmittel für das Zusammenführen von Ähnlichkeitsteilen ist. Ohne Nummerungstechnik ist die Informationsverarbeitung in der Konstruktion nicht durchführbar [11].

Firmenunterlagen (Prospekte)
In Bezug auf die Wissensverarbeitung enthalten diese Unterlagen neben anderen Informationen auch diese Normen. Die Auswahllogiken, die ein umfangreiches Wissen über Auswahlkriterien und die geometrischen Zusammenhänge voraussetzen, müssen in Fakten und Regeln zusammengefaßt werden.

Konstruktionskataloge
"Sie werden in Objekt-, Lösungs- und Operationskataloge unterschieden. Diese Kataloge strukturieren (Gliederungsteil) und benennen (Hauptteil) die Begriffe eines Wissensbereichs. Das Objektwissen beschreibt die Eigenschaften bestimmter Objekte, während das Lösungswissen eine Zuordnung von allen Lösungsprinzipien oder Gestaltungsvarianten zu einer konstruktiven Aufgabe darstellt. Die Operationskataloge enthalten das Steuerungswissen. Viele Operationskataloge sind allerdings lediglich die prozedurale Darstellung der unteren Ebene einer Objekthierachie.
Konstruktionskataloge stellen eine fachliche Basis für den Einsatz von Expertensystemen dar"[3].

Konstruktionsrichtlinien
Die Richtlinie enthält Erklärungen, die nicht zur direkten Schlußfolgerung, sondern zum Verständnis der Zusammenhänge gebraucht wird.

Das in den Informationsträgern enthaltene Wissen ist im Expertensystem durch einzelne strukturierte Informationsmodule in Form von Fakten, Regeln und Erfahrungen abgebildet. Das Expertensystem kann dabei von einer Datenbank unterstützt werden (vergl. Kapitel 4.1.2 und 4.2.3). Wie umfangreich die Informationsmodule das Wissen involvieren, hängt von der zu unterstützenden Aufgabe ab.

2.3. Möglichkeiten des Datenaustausches zwischen den Systemen

Insgesamt gibt es vier grundlegende Möglichkeiten zur Nutzung der KI- und CAD/CAM Technik in der Konstruktion, die im folgenden näher beschrieben werden.
Bei der ersten Möglichkeit *(Bild 2.3 a und b)* besteht zwischen den Systemen keinerlei physikalische Verbindung. Die Umsetzung der alphanumerischen Informationen aus dem KI-System, in grafische Informationen zur Verarbeitung in dem CAD/CAM-System, erfolgt über den Mitarbeiter. Er ist das "Interface" zwischen den beiden Systemen. Die Software (Programme) kann dabei auf einem oder zwei separaten Rechner installiert sein. Der Mitarbeiter steht zwei vollkommen verschiedenen Benutzeroberflächen gegenüber. Er benötigt also, bezogen auf die KI- und CAD/CAM Software, Kenntnisse über zwei Systeme. Läuft die Software (Programme) auf unterschiedlicher Hardware (Rechner), ist es unter Umständen notwendig, daß auch grundlegende Kenntnisse mehrerer Betriebssysteme (UNIX, DOS, VMS, MVS usw.) vorhanden sein müssen.
Der Dialog mit dem Expertensystem erfolgt auf einem alphanumerischen Bildschirm, über den ausschließlich Texte verarbeitet werden. Die Informationen aus dem Expertensystem

werden durch den Mitarbeiter in das CAD/CAM-System übertragen. Auch wenn beide Systeme (KI und CAD/CAM) auf einer Hardware (Rechner) installiert sind, ist es erforderlich, zwei Bildschirme an dem Konstruktionsarbeitsplatz aufzustellen, damit Informationen auf dem alphanumerischen Terminal des KI-Systems gelesen und diese sofort interaktiv an dem CAD/CAM Arbeitsplatz umgesetzt werden können.

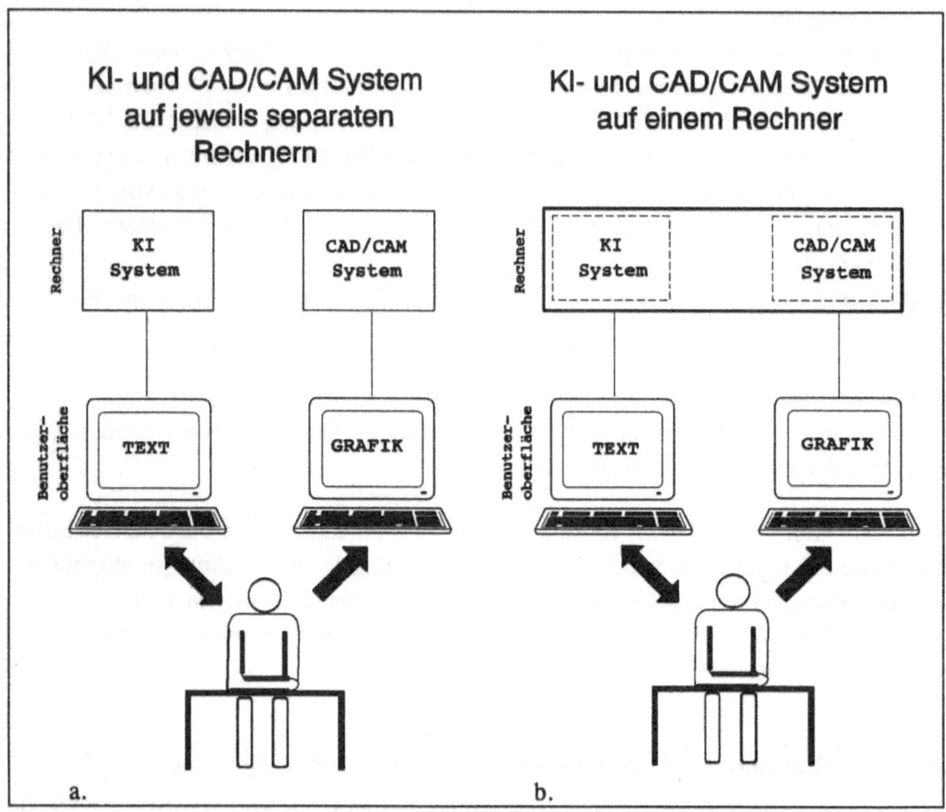

Bild 2.3: Keine physikalische oder logische Kopplung zwischen dem KI- und CAD/CAM-Systemen

Bei der zweiten Möglichkeit *(Bild 2.4 a. und b.)* sind alle bisher beschriebenen Voraussetzungen ebenfalls erfüllt. Der Unterschied besteht allein darin, daß über einen Grafikeditor die alphanumerischen Zusammenhänge grafisch dargestellt werden können. Unter dem Grafikeditor soll kein CAD-System verstanden werden. Hier ist an eine einfache grafische Ausgabemöglickkeit gedacht. Über ein Programm werden die Grafikbefehle eines grafischen Terminals benutzt. Die Objekte werden vereinfacht dargestellt und haben Symbolcharakter. Denkbar ist ein Austausch der grafischen Information, zwischen dem Grafikeditor des Expertensystems und dem CAD/CAM-System, über eine grafische Schnittstelle (IGES oder DXF). Der Nachteil ist hierbei, daß Informationen, die nicht grafisch darstellbar sind (Wärmebehandlungen, Rauhtiefen, Schnittgeschwindigkeiten, Vorschübe usw.) und in einem CAD/CAM System über Attribute mit einem geometrischen

Element in Zusammenhang gebracht werden könnten, mit dieser Schnittstellen nicht übertragen werden. Diese Informationen sind verloren oder müssen zusätzlich manuell übergeben und interaktiv im CAD/CAM-System verarbeitet werden.

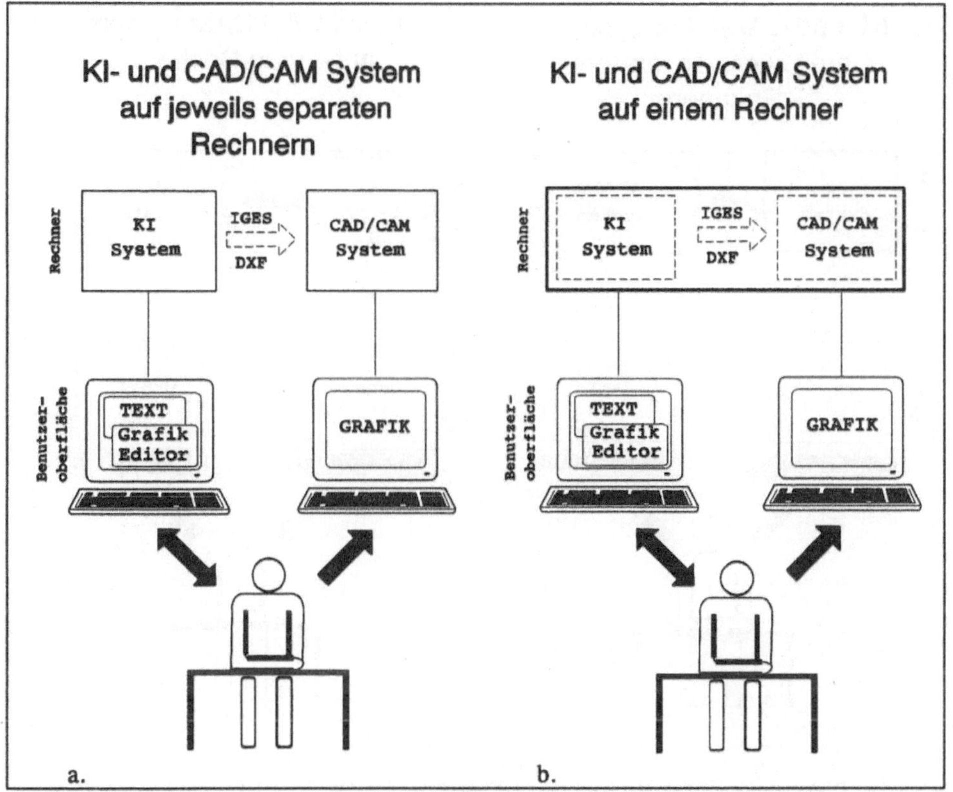

Bild 2.4: **Informationsausgabe auf der KI-Seite über einen Grafikeditor, und manuelle Umsetzung der Informationen in das CAD/CAM-System.**

Über ein Interface fließt, bei der dritten Möglichkeit, die Information von dem KI- zu dem CAD/CAM-System. Der Anwender steht über ein alphanumerisches Terminal im Dialog mit dem Expertensystem. Ein Informationsaustausch vom CAD/CAM- zum KI-System ist nicht möglich. Alle Informationen werden im Dialog zwischen Anwender und Expertensystem ausgetauscht. Während des Dialoges wird eine Problemstellung im Expertensystem komplett bearbeitet. Nach Abschluß der Konsultation wird von dem KI-System eine Datei mit den für das CAD/CAM-System wichtigen Informationen angelegt. Diese Datei kann von dem Interface auf der CAD/CAM Seite gelesen und ausgewertet werden. Durch den ausschließlichen Dialog über das alpanumerische Terminal ist eine grafische Selektion in dem CAD/CAM-System, unter dem Gesichtspunkt Datenaustausch, nicht möglich. Ausgangsdaten, die eine Problemstellung definieren müssen, unter

Umständen doppelt eingegeben werden, grafisch in dem CAD/CAM-System und alphanumerisch über das Terminal des KI-Systems.

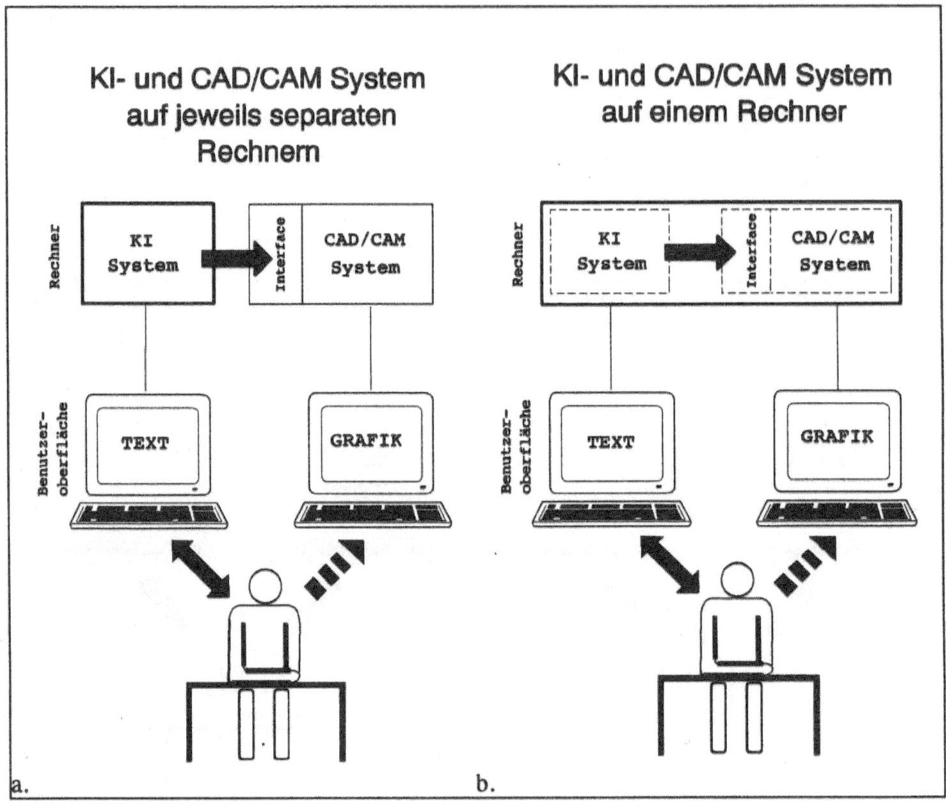

Bild 2.5: Der Dialog mit dem Anwender wird auf der KI-Seite geführt. Die Präsentation des Konsultationsergebnisses erfolgt auf dem CAD/CAM-System.

Ein simultanes Arbeiten mit beiden Systemen in der Form

1. Konsultation KI-System
2. interaktive Aktion im CAD/CAM-System
3. Konsultation KI-System
4. interaktive Aktion im CAD/CAM-System

usw.

zur Lösung einer Problemstellung ist nicht möglich.

Im Fall der vierten Möglichkeit *(Bild 2.6 a. und b.)* existiert nur eine Benutzeroberfläche, die eine graphische und alphanumerische Eingabe zuläßt. Die beiden Systeme arbeiten simultan, und der Datenaustausch wird in beide Richtungen unterstützt. Eine Problemstellung kann in Intervallen von CAD/CAM- und KI-Interaktionen bearbeitet werden. Die beiden Systeme verhalten sich wie ein System. Für den Anwender bleibt das KI-System "im

Hintergrund". Der CAD/CAM Anwender arbeitet mit der ihm bekannten Benutzeroberfläche und benötigt keine Kenntnisse bezogen auf das KI-System.
Auf dieser Philosophie beruht die in diesem Buch beschriebene Expertensystemanbindung an ein CAD/CAM-System. Die Technik dieser KI- und CAD/CAM-Benutzung über ein Interface wird im weiteren offengelegt und erklärt.

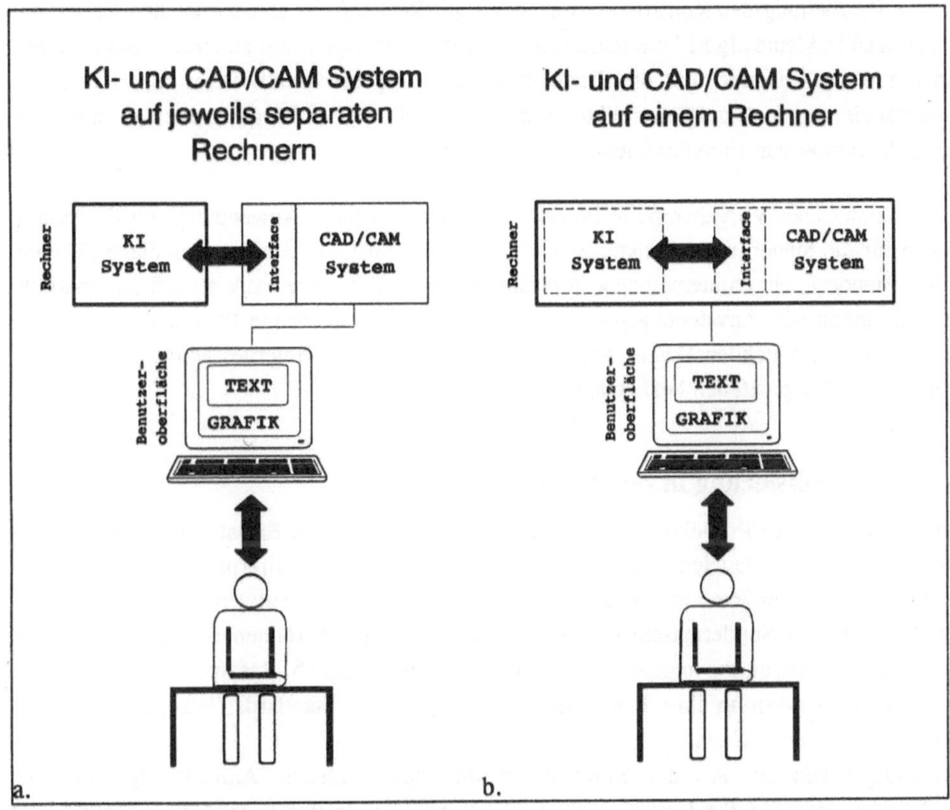

Bild 2.6: Die Ein- und Ausgabe sämtlicher Informationen erfolgt über die Benutzeroberfläche des CAD/CAM-Systems.

Nur bei den in den Bildern *2.5b* und *2.6b* aufgezeigten Wegen des Datenaustausches besteht die Möglichkeit, die Informationen zwischen den Systemen direkt über den Hauptspeicher des Rechners auszutauschen (vergl. Kap. 4.3). Bei den anderen Möglichkeiten ist ein Datenaustausch nur über Dateien mit der damit verbundenen geringen Verarbeitungsgeschwindigkeit möglich.

3. Arbeitsorganisation

Voraussetzung für einen produktiven Einsatz der DV ist die Strukturierung und Standardisierung der Arbeitsabläufe in allen betroffenen Bereichen eines Betriebes. Im besonderen gilt das für den Konstruktionsbereich. In diesem sensiblen Bereich werden zwei Drittel der Gestehungskosten für ein Produkt beim Entwurf festgelegt. Dieser Bereich muß so gestaltet werden, daß Randbedingungen der Fertigung und Montage, Glieder in der Prozeßkette, die die Kosten letztendlich verursachen, berücksichtigt werden.
Für die Bearbeitung des Konstruktionsprozesses auf Rechnern ist es wichtig, den Konstruktionsprozeß in kleine algorithmierbare Einzelschritte zu zerlegen, um zu einem rechnerinternen Modell zu kommen, das die Produktdaten eindeutig beschreibt. Dazu bedarf es einer Systematisierung der Funktionsstrukturen mit dem Ziel, weitere Möglichkeiten zu einer gezielten Variation von Funktionselementen zu erkennen.

Ein systematisches Vorgehen beim Prozeß des Entwerfens unter Anwendung von Einzelmethoden für die Steuerungs-, Funktions- und Fertigungsschritte bilden die Grundlage für eine durchgehende Rechnerunterstützung in diesem Bereich. Die Systematik schafft automatisch die Zuordnung von Anwendungsprogrammen und eine durchgehende Prozeßkette in Bezug auf die zu verarbeitenden Daten. Voraussetzung für ein rechnerinternes Modell ist die Definition von Komplexteilen beziehungsweise Objektmodellen.

3.1. Standardisierung in den Fachabteilungen

Eine Steigerung der Produktivität in der Konstruktion durch den Einsatz von CAD ist nur über standardisierte Bauelemente möglich. Im Bereich der Einzelteilfertigung stößt die Standardisierung bei der Realisierung aber auf Probleme, da die zu entwerfenden Produkte in die Kategorie der Sondermaschinen fallen. In diesem Bereich können Standards nicht auf die gesamte Konstruktion angewendet werden. Es ist nur möglich, das Spektrum der möglichen Konstruktionen in ihre Funktionen zu zerlegen und Standards, bezogen auf diese Funktionen, zu entwickeln.
Unabhängig von der Art der Konstruktion sind häufig gleiche Anforderungen an die Funktion gestellt. Bei der Montage haben z.B. Vorrichtungen vorwiegend die Aufgabe, das Werkstück in die gewünschte Lage zum Arbeitsraum des Werkers oder des Handhabungsgerätes zu bringen, es zu spannen und zu führen. Diesen Funktionen entsprechend werden standardisierte Funktionsbaugruppen, deren Einzelteile komplett detailliert sind, in die CAD-Entwürfe eingesetzt.
Um die mögliche Verwendung von standardisierten Konstruktionselementen zu erkennen, ist es notwendig, den Konstruktionsablauf zu analysieren *(Bild 3.1)*.
Wie in der VDI 2222 erläutert, wird der Konstruktionsprozeß in die Hauptgruppen Konzipieren, Entwerfen und Ausarbeiten gegliedert. Die Phase des Konzipierens beginnt mit der Analyse und Aufbereitung der Eingangsinformationen. Es muß festgestellt werden, an wel-

chen Stellen (Wirkstelle) und in welchen Richtungen (Wirkrichtung) an der Werkstückoberfläche die Funktionsträger (Funktionswissen) auf das Werkstück einwirken werden.
Im nächsten Schritt wird für jede Wirkstelle der zugehörige Funktionsträger festgelegt und die zugehörigen Gestaltungsmerkmale untersucht. Nun beginnt die Phase des Entwerfens. Unter der Beachtung von Gestaltungsregeln (Fertigungswissen), Konstruktionsrichtlinien (Steuerungswissen), Normen usw. werden die Funktionselemente (Funktionsträger) konstruiert. Die Probleme beim Konstruieren entstehen durch die nicht eindeutigen Zuordnungsmöglichkeiten von Funktion und Funktionsträger eines Systems. Einer geforderten Funktion sind immer mehrere Funktionsträger zuzuordnen. Aufgrund seiner Erfahrungen arbeitet der Konstrukteur mit Standardlösungen, die sich in der Vergangenheit bewährt haben. Stehen genormte Funktionsträger zur Verfügung, können diese aus Konstruktionskatalogen oder CAD/CAM-Bibliotheken in die Konstruktion eingesetzt werden. Sind alle Funktionselemente konstruiert und miteinander verbunden, ist der Entwurf abgeschlossen.
In der Phase der Ausarbeitung werden alle notwendigen Ansichten festgelegt und der funktionelle Zusammenhang in der Zusammenstellungszeichnung dargestellt.
Die einzelnen Elemente der Konstruktion erfüllen verschiedene Funktionen. Aus diesem Zusammenhang heraus werden sie als Funktionsträger bezeichnet. Je nachdem, ob dieser Funktionsträger aus einem oder mehreren Teilen besteht, wird zwischen Funktionselement, Funktionsbaugruppe und Funktionsbaueinheit unterschieden.
Aus der Vielzahl der Problemlösungen, die im Laufe der Zeit immer mehr zunimmt, ist es dem einzelnen Konstrukteur nicht mehr möglich, den Überblick zu behalten. Er kennt seine eigenen Konstruktionen, dabei hilft ihm das erwähnte Notizbuch. Die Arbeiten der Kollegen sind ihm dagegen weniger bekannt. Diese Tendenz wird dadurch verstärkt, daß viele Konstrukteure intuitiv arbeiten und in den meisten Fällen nicht auf schon vorhandene Hilfsmittel zurückgreifen. Die Wiederverwendung konstruktiver Lösungen ist eine Frage der systematischen Erfassung und Verwaltung. Konstruktive Lösungen, die gleiche Funktionen erfüllen und ähnlicher Bauart sind, müssen erfaßt und vereinheitlicht werden. Der Begriff Standardisierung steht stellvertretend für diesen Prozeß der Analyse. Durch den Einsatz von Standardlösungen kann auf eine Neukonstruktion in den meisten Fällen verzichtet werden. Und hier schließt sich der Kreis. Durch den Verzicht auf die Neukonstruktion wird die Varianten- oder Anpassungskonstruktion zur Problemlösung eingesetzt, und bei diesen Konstruktionsarten ist ein wirtschaftlicher Einsatz von Experten- und CAD/CAM-Systemen zu erwarten [8],[9].

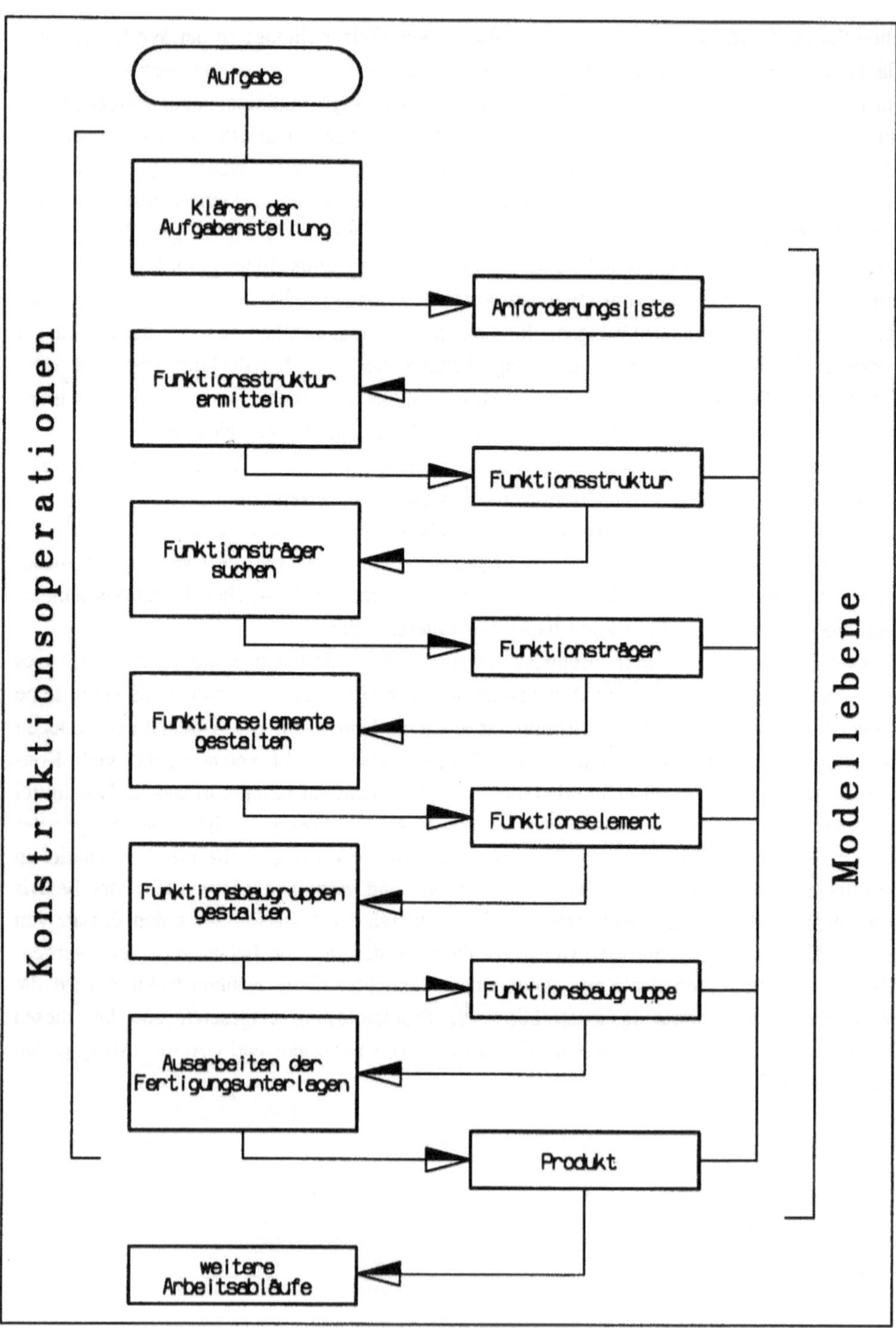

Bild 3.1: Ablaufplan des Konstruierens nach VDI 2221

3.2. Standardisierung der Systemumgebung

3.2.1. CAD/CAM-System

Die CAD/CAM Systeme lassen den Anwendern weitreichende Möglichkeiten, ihre Konstruktionslösung in dem rechnerinternen Modell abzubilden. CAD-Zeichnungen sind von ihrer rechnerinternen Struktur her nicht so durchschaubar wie konventionelle Zeichnungen. Der Konstrukteur hat eine Vielzahl von Möglichkeiten, das CAD-Modell (Zeichnung) zu strukturieren. Im Rahmen der Datendurchgängigkeit (Computer Integrated Manufacturing) sind andere Abteilungen in den Betriebsablauf eingebunden. CAD-Daten werden z.B. in der Arbeitsvorbereitung oder der NC-Programmierung weiterverarbeitet. Den nachfolgenden Abteilungen ist nicht zuzumuten, mit immer anders strukturierten CAD-Daten zu arbeiten. Bei Änderungen an den Konstruktionen müssen Mitarbeiter die Änderung durchführen, die nicht für den Entwurf oder die Detaillierung verantwortlich sind. Beim Datenaustausch über Geometrieschnittstellen wie IGES (Initial Graphics Exchange Spezification) oder VDAFS (Verband der deutschen Automobilindustrie Flächenschnittstelle) treten bei nicht strukturierten CAD-Daten immer neue Übertragungsfehler auf. Bei Verwendung von Anwendungssystemen (vgl. Kap. 2.1) bekommt die Strukturierung besondere Bedeutung. Bei der Darstellung der Produktmodelle im CAD/CAM-System werden über Attribute Technologiedaten mit den Geometrieelementen verbunden. Über solche Festlegungen ergeben sich Möglichkeiten, Programme zu entwickeln, die ein CAD/CAM Modell nach bestimmten Eigenschaften durchsuchen oder Geometrie erzeugen, die bestimmten Eigenschaften entspricht. Basierend auf diesen Festlegungen ist ein Expertensystem in der Lage, automatisch Informationen zu sammeln, die für die Auswertung von Ergebnissen bei der Konsultierung wichtig sind.

Für eine Automatisierung der Konstruktionstätigkeit sind Richtlinien unumgänglich, die genau beschreiben, wie eine Konstruktion im CAD/CAM-System abgebildet werden soll. Diese Richtlinie muß für jeden Anwender, eingeschlossen die Zulieferer (Fremdfirmen), bindend sein. Zur Überprüfung der Modellstruktur kann ein Programm eingesetzt werden, das die Modelldaten vor der Abspeicherung in ein Verwaltungssystem auf die Einhaltung der Regeln überprüft.

Eine allgemeine Erklärung über die Möglichkeiten, die alle auf dem Markt etablierten Systeme für die Strukturierung zur Verfügung stehen, ist nicht möglich, da die Bezeichnungen der Unterfunktionsaufrufe systemabhängig sind und die Systemanbieter keine einheitliche Benamung verfolgen. So wird eine Unterfunktion zum Erzeugen immer wieder einsetzbarer Zeichnungssymbole bei einem System DETAIL, beim andern FIGUR, beim nächsten SYMBOL oder BLOCK genannt. Einfluß auf die Strukturierung nimmt auch das Betriebssystem. So kann zum Beispiel bei AUTOCAD die BLOCK-Bezeichnung nur 8-Stellen lang sein, weil MS-DOS keine längeren Datei-Benamungen zuläßt. Die folgende Erklärung zu den Strukturierungsmöglichkeiten soll beispielhaft zeigen, welche Möglichkeiten zur Standardisierung bestehen. Es wird dabei auf das bei der Kopplung verwendete System * CATIA Bezug genommen.

3.2.1.1. CAD/CAM-Unterfunktionen zur Modellstrukturierung

Draft (Zeichnungslayout)
Die Funktion bietet die Möglichkeit, ein neues Zeichnungslayout aus einem bereits vorhandenen Zeichnungslayout zu erzeugen oder zu kopieren, das aktuelle zu ändern, zu löschen und umzubenennnen.

Auxviews (Ansichten)
Erzeugen, wechseln und löschen einer Ansicht. Zur Erstellung des Zeichnungslayouts kann der Benutzer seine Zeichnungsfläche in Ansichten aufteilen. Mit einer Ansicht sind graphische Kenngrößen verknüpft:

- Lage des Ursprungs der Ansichtsebene bezüglich des Ursprungs des Zeichnungslayouts
- Orientierung der Ansichtsebene bezüglich der Zeichnungsfläche
- der Darstellungsmaßstab für die Ansicht auf der Zeichnungsfläche
- Der Zeichnungsrahmen der Ansicht ist bei der Initialisierung unendlich groß. Er kann danach auf der Zeichnungsfläche auf ein definiertes Rechteck begrenzt werden.

Filter
Es ist möglich, eine Vorschrift für die Darstellung der Speicherebene zu definieren, indem jede Speicherebene als sichtbar oder unsichtbar definiert wird. Dieser Darstellungsfilter kann durch einen Namen angesprochen werden.
Der Anwender hat die Wahl zwischen zwei Standardfiltern (CURRENT, ALL), kann aber auch neue Filter definieren. Mit Hilfe der Filtertechnik können verdeckte Kanten, Maße usw. aus- oder eingeblendet (unvisible, visible) werden. Voraussetzung ist natürlich, daß die Elemente auf verschiedenen Speicherebenen abgelegt wurden. Auch das nachträgliche Transferieren auf andere Speicherebenen ist möglich.
Die Einzelteile der Funktionsbaugruppe müssen von der Darstellung her zweimal vorhanden sein. Zum einen ist die Fertigungszeichnung mit den Technologiedaten notwendig, zum anderen muß das Einzelteil mit anderen Teilen im Zusammenbau dargestellt werden, was unter Umständen zur Folge hat, daß Elemente eines Einzelteils von anderen Einzelteilen verdeckt werden. Aus Gründen der Datendurchgängigkeit und der Vermeidung von Redundanzen ist es wichtig, daß ein Einzelteil in einem Modell nur einmal dargestellt sein darf. Hier hilft die Filtertechnik. Im CAD/CAM-System wird ein Filter definiert, der so arbeitet, daß Elemente eines Einzelteils ausgeschaltet werden, die im Zusammenbau nicht zu sehen sein sollen. Dieser Filter wird auf die Einzelteildetails angewandt, die im weiteren noch beschrieben werden. In der Expertensystemanwendung wird der Filter mit dem Namen *ZSB* aufgerufen.

* CATIA ist eingetragenes Warenzeichen von Dassault Systemes

Layer (Speicherebene)
Die Funktion wird verwendet, um auf eine Ansicht (View) Darstellungsfilter anzuwenden. Jeder Arbeitsbereich besteht aus 255 Speicherebenen, die der gleichen Anzahl übereinanderliegender Transparenzfolien entsprechen, und die nach Wahl des Benutzers einzeln, in Gruppen oder zusammen dargestellt werden können. Jedes Element des Modells gehört einer dieser Speicherebenen an. Dadurch kann der Benutzer je nach seinen Erfordernissen die Elemente auf verschiedene Speicherebenen verteilen und jede Speicherebene wie einen unabhängigen Satz mit Geometrieelementen verwenden (*Tabelle 3.1*). Es gibt stets eine aktuelle Speicherebene, auf der ein neues Element erzeugt wird.

Tabelle 3.1: Belegung der Speicherebenen

Speicherebene	Belegung
0	NC-Geometrie
1-100	Geometrieelemente, die im Zusammenbauzustand eingeblendet sind
101-200	Geometrieelemente, die im Zusammenbauzustand ausgeblendet sind
201-250	Normteile
252	Bemaßung
253	Texte, Zeichnungsrahmen, Formblätter
254	Form- und Lagetoleranzen

Um zu verdeutlichen, wie ein zu konstruierendes Einzelteil in Bezug auf die Speicherebenen abgelegt werden soll, wird dies an einem Beispiel beschrieben.
Das Einzelteil mit der Teilenummer 5 wird auf der Speicherebene 5 konstruiert. Alle Körperkanten, die im Zusammenbauzustand durch Überschneidungen mit benachbarten Teilen nicht zu sehen sind, werden auf der Speicherebene 105 konstruiert. Die Bemaßung wird auf Speicherebene 252, Texte auf 253 und Toleranzen auf 254 abgelegt. Das Einzelteil wird in der Fertigungszeichnung und in der Zusammenbauzeichnung dargestellt; die Informationen über das Einzelteil sind aber nur einmal in der Datenbasis gespeichert. Erreicht wird dies durch das ZSB-Filter, mit dem nur Elemente von den Speicherebenen 1-100 visualisiert werden. Dadurch ist es möglich, im Zusammenbau die überdeckten Körperkanten und die Bemaßung auszublenden. In der Zusammenbau- sowie in der Fertigungszeichnung ist ein und dieselbe Geometrie abgelegt. Werden konstruktive Änderungen notwendig, erfolgen diese nur in der Fertigungszeichnung. In der Zusammenbauzeichnung werden diese Änderungen automatisch übernommen, da das Einzelteil in der Datenbasis des CAD/CAM-Systems nur ein einziges Mal beschrieben ist.

Detail (Figure)
Die Funktion erlaubt dem Benutzer die Definition und getrennte Benutzung von Teilzeichnungen, die zu einer Zeichnung gehören, aber unabhängig bleiben sollen. Bei der Erzeugung des Details wird durch den Benutzer ein Detailname vergeben. In diesem CAD-Element existiert ein eigener Arbeitsbereich mit einem eigenständigen Nullpunkt. Der Nullpunkt hat Einfluß auf die Positionierung des Details im Zeichnungslayout.

Jede Funktionsbaugruppe besteht aus Einzelteilen, und jedes Einzelteil muß in einer Fertigungszeichnung vollständig beschrieben sein. Diese Beschreibung erfolgt unter anderem in den Ansichten- und Schnittdarstellungen. Da eine Funktionsbaugruppe aus mehreren Einzelteilen besteht, sind eine Vielzahl von Ansichten und Schnittdarstellungen zur Beschreibung notwendig. Bei der automatisierten Konstruktion mit einem Expertensystem ist es wichtig, daß jedes Element gezielt ansprechbar ist. Daher ist eine Namenskonvention notwendig.

Für das Expertensystem muß eine Möglichkeit geschaffen werden, eine Einzelteilansicht als Element anzusprechen. In der Anwendung wird für diese Aufgabe die Detail-Funktion verwendet. Wie schon erwähnt, wird bei der Erzeugung der Details ein Name vergeben, der 16

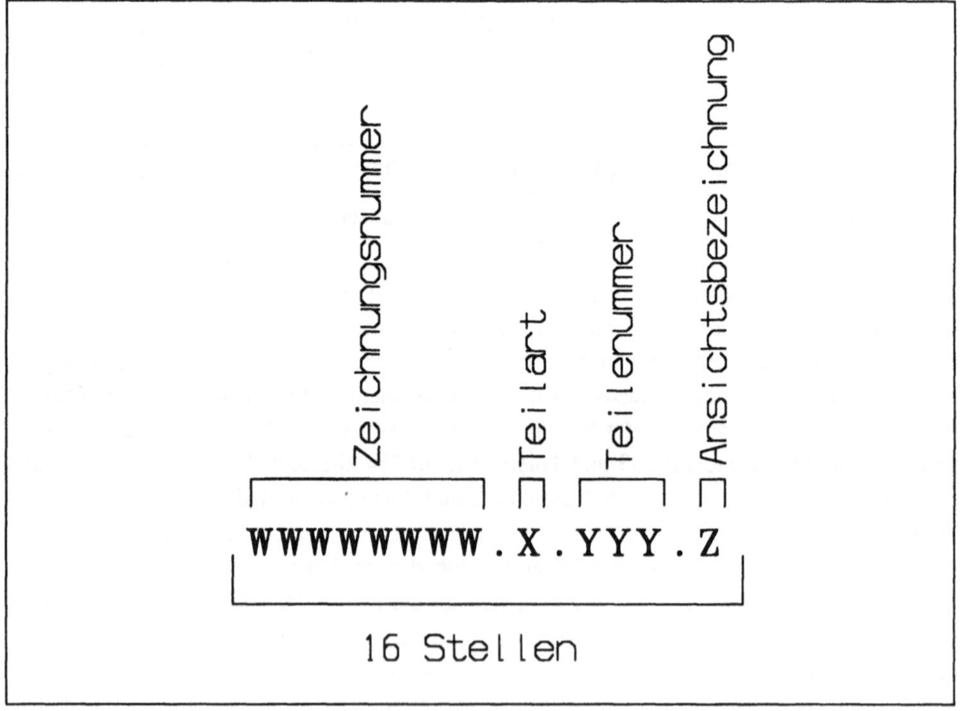

Bild 3.2: Systematik der Detailbenamung

Stellen lang sein kann (Bild 3.2 und 3.3). In diesem Namen müssen Informationen enthalten sein über die *Ansichtsbezeichnung*, die *Teilnummer*, die *Teilart* und die firmeninterne *Zeich-*

nungsnummer. Über die *Zeichnungsnummer* ist eine eindeutige Zuordnung eines Einzelteils zu dem Produktmodell, in dem es eine Teilmenge darstellt, möglich. Die Zeichnungsnummer mit dem genormten Nummerungsschlüssel gibt erst die Möglichkeit, die Konstruktionen informationstechnisch zu verarbeiten.
Die *Ansichtsbezeichnung* der Einzelteile orientiert sich an der DIN 4001. Abweichend von den in DIN 5 Teil 10 festgelegten Ansichtsbezeichnungen ist im folgenden eine Gegenüberstellung zu den in DIN 4001 benutzten Ansichtsbezeichnungen dargestellt *(Tabelle 3.2)*.

Tabelle 3.2: Ansichtsbezeichnungen nach DIN 5 und DIN 4001

Ansichtsbezeichnung	DIN 5 Teil 10	VDI 4001
3-Dimensional		1
Vorderansicht	a	2
Draufsicht	b	3
Seitenans. v. links	c	4
Seitenans. v. rechts	d	5
Unteransicht	e	6
Rückansicht	f	7

In den Konstruktionszeichnungen werden die Einzelteile durch die Positionsnummer eindeutig beschrieben, diese Aufgabe übernimmt die *Teilnummer* im Detailnamen.

Eine Zeichnung besteht aus dem Zusammenbau (Funktionsbaugruppe) und den Einzelteilen. Die Einzelteile können Herstellteile, Kaufteile oder Normteile sein. Die Formblätter haben administrative Aufgaben und bestehen aus dem Zeichnungsrahmen und den Schriftköpfen für das Hauptblatt und eventuell für die Einzelteilschriftköpfe. Um die Funktion und den mechanischen Ablauf der Konstruktion eindeutig zu beschreiben, sind außerdem Funktionsdiagramme notwendig.

Tabelle 3.3: Kurzzeichen für die Teilart

Kurzzeichen	Teilart
D	Diagramm
E	Herstellteil
F	Formblatt
G	Baugruppe
K	Kaufteil
N	Normteil
T	Einzelteilschriftkopf
Z	Zusammenbau

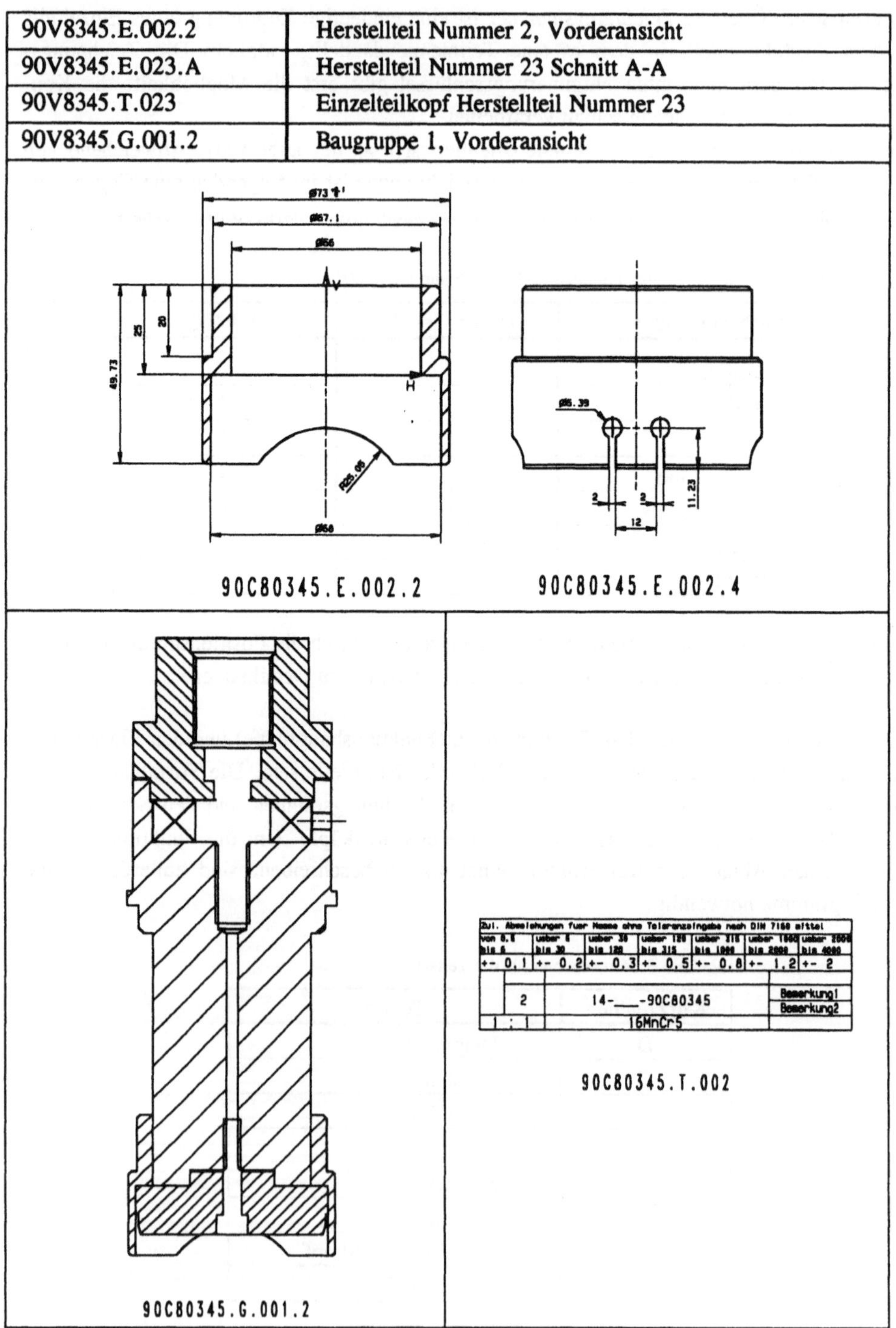

90V8345.E.002.2	Herstellteil Nummer 2, Vorderansicht
90V8345.E.023.A	Herstellteil Nummer 23 Schnitt A-A
90V8345.T.023	Einzelteilkopf Herstellteil Nummer 23
90V8345.G.001.2	Baugruppe 1, Vorderansicht

Bild 3.3: Beispiele für die Detailbenamung

All diese Elemente müssen eindeutig im CAD/CAM-System angesprochen werden können. Dies wird durch die Bezeichnung der *Teilart*, die eine Folge von Buchstaben (Textstring) im Detailnamen darstellt, realisiert *(Tabelle 3.3)*.

Grafik
Die Funktion wird zum Verändern, Prüfen und Analysieren der Darstellungsparameter eines Elementes verwendet. Darstellungsparameter sind Linienart, Linienbreite und Farbe.

Text
Die Funktion Text wird benutzt, um in einer Zeichnung Texte, Bemerkungen und Hinweise sowie Form- und Lagetoleranzen einzufügen.

File (Datei)
Ein Modell besteht aus den Daten, die der Datenbank auf der Magnetplatte für die Bearbeitung im Hauptspeicher entnommen wird. Das Modell beinhaltet die rechnerinterne Darstellung eines Satzes von Objekten, die augenblicklich bearbeitet werden sowie die Vorschrift darüber, wie sie auf dem Bildschirm darzustellen sind. Jedem Modell wird eine Zeichenkette zugeordnet, um es identifizieren zu können. Dieser Name ist von variabler Länge, maximal 70 Zeichen.
Die Hin - und Rückübertragung des Modells, zwischen der Datenbank auf der Magnetplatte und dem Hauptspeicher des Rechners, wird durch die Dialog-Funktion FILE gesteuert. Die Modellbezeichnung wird zur Verwaltung der Modelldateien genutzt [13]. In den Namen sollten soviel Informationen wie möglich integriert sein. So können beispielsweise der Zeichnungsname, der Ersteller, die Zeichnungsart, die Planungsnummer usw. aus dem Namen des Modellfiles hervorgehen.

Library (Bibliothek)
Die Bibliothek dient der strukturierten Verwaltung von Teilzeichnungen und ermöglicht einen gezielten Zugriff auf diese Elemente *(Bild 3.4)*. Die Bibliothek wird in dem CAD/CAM-System mit der Unterfunktion LIBRARY aufgerufen. Die Bibliothek verfügt über eine baumartige Struktur für die vom Anwender definierten Suchbegriffe (Keyword's). Die oberste Hierachiestufe bietet maximal 256 Familien. Jede Familie ist unterteilt in diskrete, binäre, numerische und alphanumerische Schlüsselworte. Eine Teilzeichnung, die in der Bibliothek abgelegt werden soll, wird als Objekt bezeichnet. Um ein Objekt in der Bibliothek abzulegen, müssen ihm Schlüsselworte zugeordnet werden. Durch Selektion der zugeordneten Schlüsselworte wird ein Objekt in der Bibliothek angesprochen. Der Benutzer hat die Möglichkeit, einem Objekt mehrere diskrete, binäre, numerische und alphanumerische Schlüsselworte zuzuordnen.

3.2.2. Expertensystem

Wie in der Einführung erläutert, kann das Expertensystem in den Bereichen der Informationsbeschaffung und des Entwurfs eingesetzt werden. Diese Zweiteilung der Aufgaben hat zur Folge, daß auch an die Struktur der Wissensbasen unterschiedliche Anforderungen gestellt werden.

Sind die arbeitsorganisatorischen Maßnahmen in den Fachabteilungen in Bezug auf die Standardisierung abgeschlossen, wird mit standardisierten Bauelementen gearbeitet. Die Beschreibung der Geometrie ist definiert, und es ändern sich lediglich die Abmaße (Maßvariante). Das Expertensystem kann in diesem Fall dazu eingesetzt werden, die Parametrisierung der Geometrie vorzunehmen. Dabei muß Wissen zur Verfügung stehen, um die Abhängigkeit der Abmaße zu beurteilen. Im technischen Bereich sind Zeichnungen immer nach denselben Prinzipien aufgebaut. Sie lassen sich klassifizieren in die Bereiche Administration und Technologie.
Unter dem Administrationsbereich sollen das Formblatt und die Schriftköpfe der Zeichnung verstanden werden. In den Bereich der Technologie fallen die Bemaßung, der Werkstoff, Oberflächenbeschaffenheiten und Bemerkungen. Dies ist unabhängig davon, um welche Branche es sich handelt. Es empfiehlt sich daher, eine standardisierte Wissensbasis zu entwickeln, deren Inhalt die Prinzipien der technischen Zeichnung abbildet *(Bild 3.7)*. Der Vorteil ist, daß bei der Aufnahme neuer Bauteile in das Expertensystem auf eine Grundstruktur zurückgegriffen werden kann *(Tabelle 3.4)*, die nur um die neuen Elemente erweitert werden muß. Der Entwickler neuer Geometriewissensbasen benötigt nur geringe Systemkenntnisse, da die Arbeit auf das Kopieren und Umbenennen von vordefinierten Objekten aus dem Expertensystem beschränkt wird. Auf eine Erklärung zu den Objekten der Wissensbasis wird später noch eingegangen. An der Grundstruktur der Standardwissensbasis müssen keine Änderungen vorgenommen werden, so daß ein effektives und schnelles Arbeiten erreicht wird. Die Steuerungsmechanismen der Wissensbasis werden transparenter und damit leichter zu pflegen.
Werden die Wissensbasen so strukturiert, daß eine Wissensbasis ein komplettes Einzelteil beschreibt, ist es möglich, eine Bauteilwissensbasis durch Variationen von Einzelteilwissensbasen zu definieren *(Bild 3.5)*. Die Einzelteilwissensbasen können durch eine übergreifende Bauteilwissensbasis aufgerufen werden.
"Einzelne Wissensbasen für unterschiedliche Zwecke oder Sachgebiete müssen untereinander kombinierbar oder auch integrierbar sein. Die Wissensbasen sind Bausteine aus einem offenen Baukasten"[7].
Die Einzelteilwissensbasen werden durch Kontrollstrategien innerhalb der Wissensbasis in einen Geometrie- , Schraffur- und Bemaßungsteil gegliedert. Im Geometrieteil erfolgt die Gliederung der Ansichten eines Einzelteils und die Darstellung zur Beschreibung der Geometrieelemente. Die Beschreibung der Bemaßung erfolgt im Bemaßungsteil, an dieser

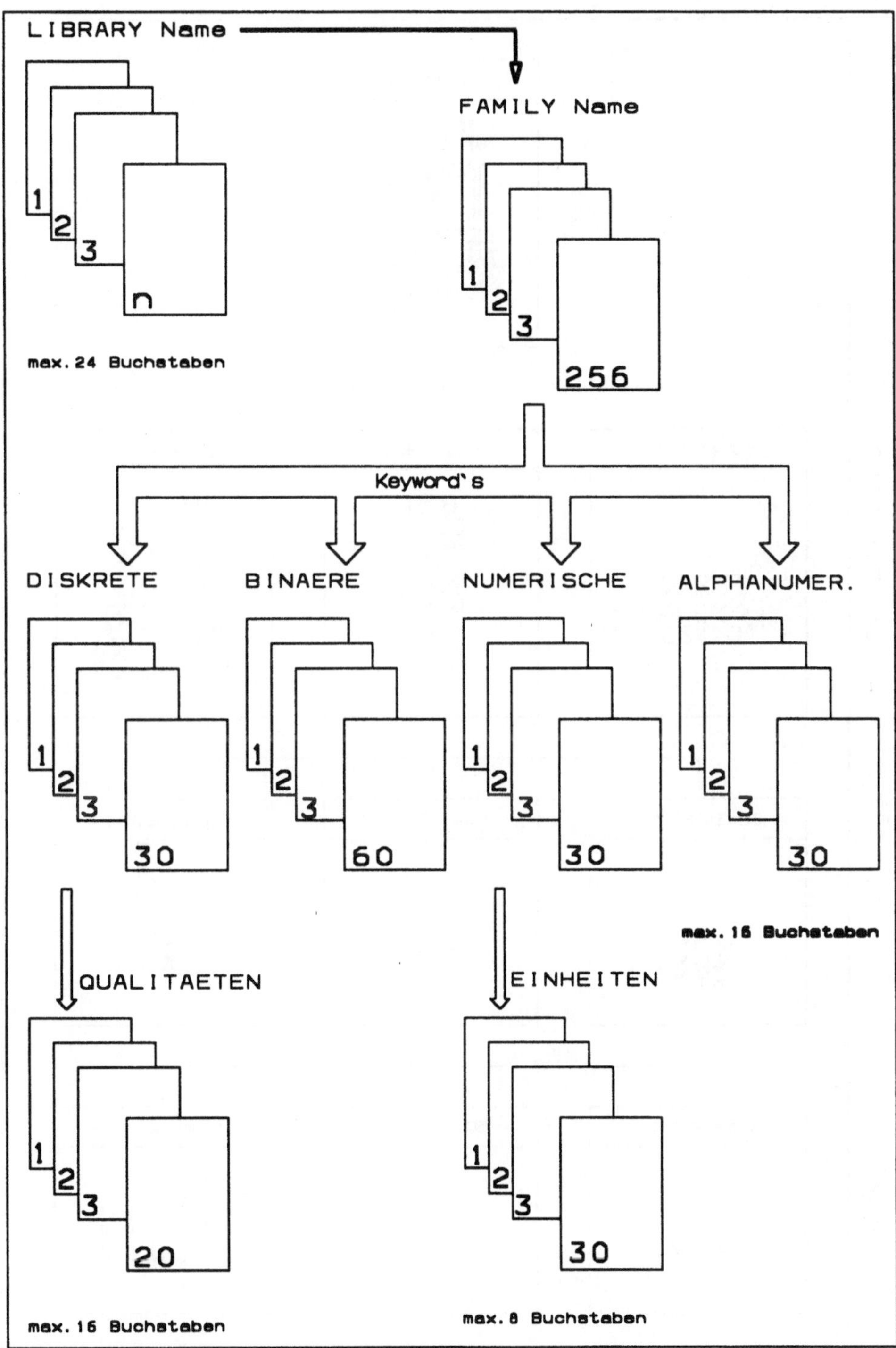

Bild 3.4: Bibliotheksstruktur im CAD/CAM System CATIA

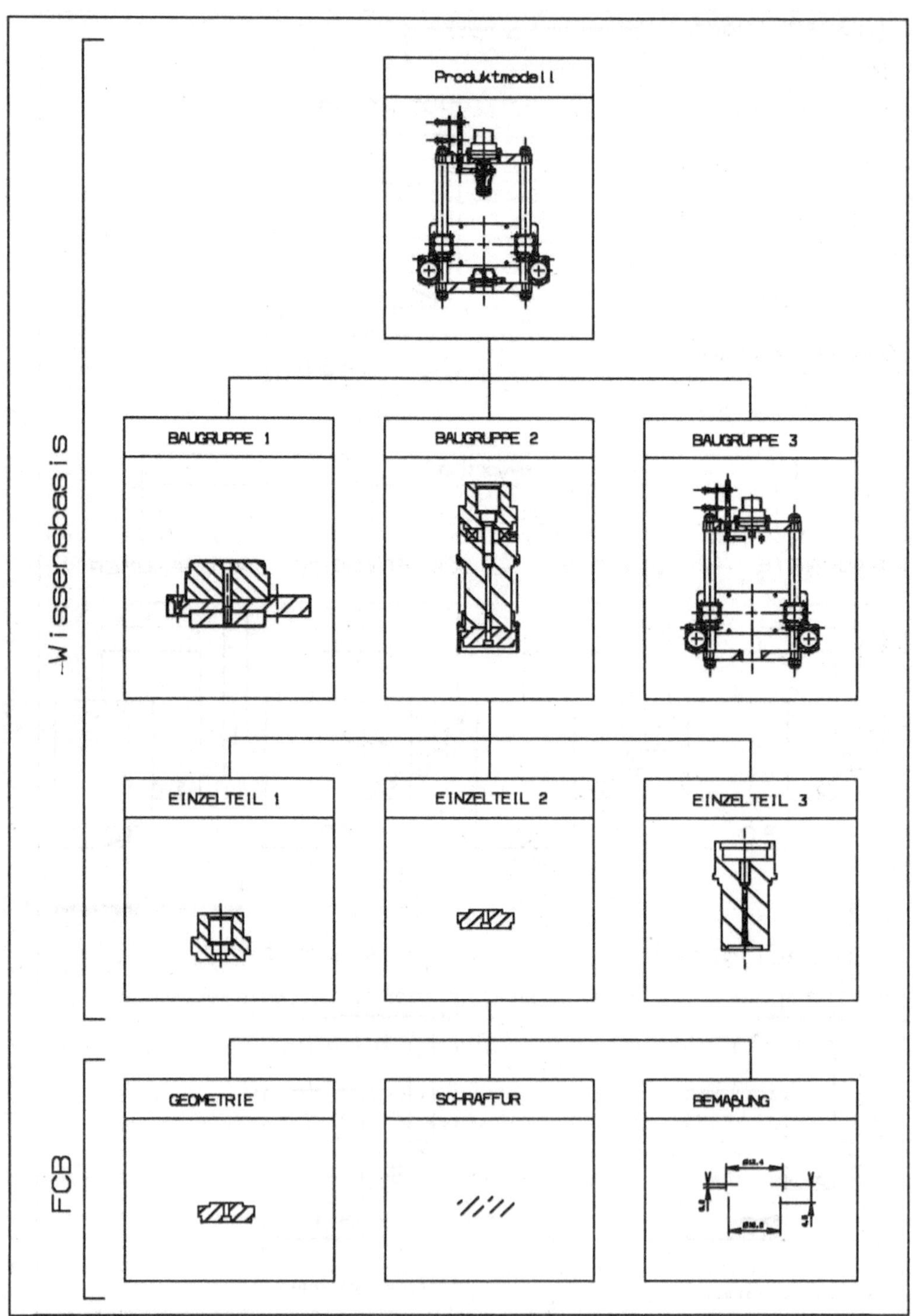

Bild 3.5: Hierarchie der Wissensbasen

Stelle werden die verschiedenen Bemaßungsarten, Oberflächenbeschaffenheiten, Form- und Lagetoleranzen und Beschriftungen definiert.

Innerhalb einer Wissensbasis muß eine einheitliche Semantik für die Bezeichnung der Objekte verwendet werden. Dabei ist es wichtig, definierte Bezeichnungen aus dem CAD-Bereich zu übernehmen. Durch diese Vereinbarungen ergeben sich für den Benutzer wie für den Entwickler Vorteile. Die Objekte lassen sich eindeutiger, entsprechend ihrer Aufgabe bei der Abarbeitung, klassifizieren . Für den Anwender des Expertensystems kommen keine neuen Namenskonventionen hinzu, die er nicht schon vom CAD-System her kennt, wie z.B. Namen von Einzelteilen, Layern (Speicherebenen) und Drafts (Zeichnungslayout). Außerdem hat der Entwickler keine Verständigungsprobleme mit dem Anwender bei der Erstellung der Wissensbasen. Die Durchgängigkeit der Daten zwischen den beiden Systemen (Experten- und CAD-System) ist durch die einheitliche Namenskonvention gewährleistet.

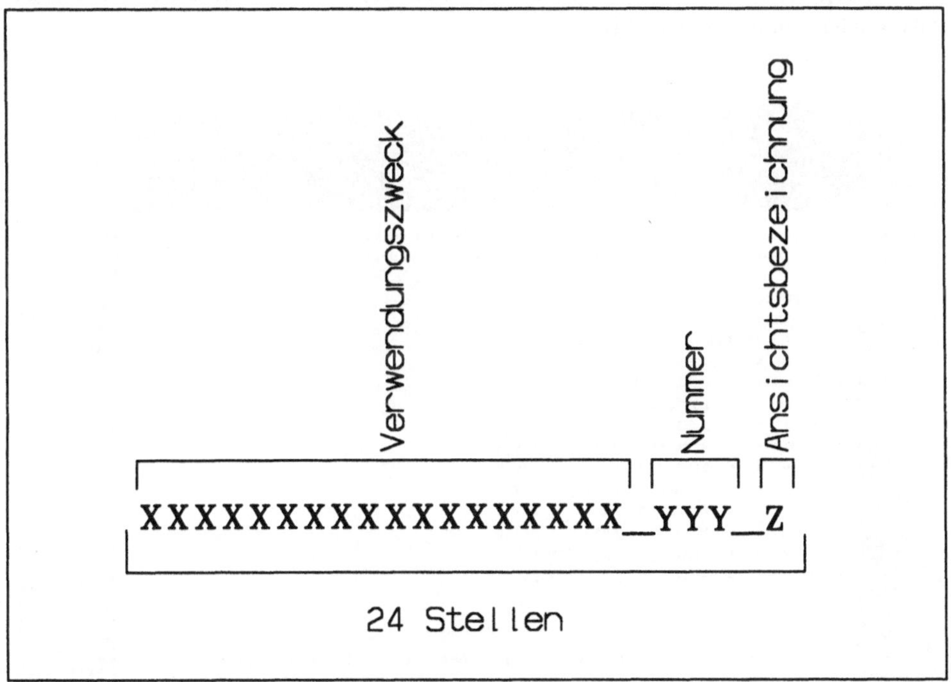

Bild 3.6: Systematik der Objektbenamung im Expertensystem

Die Objekte des Expertensystems können mit einem 24stelligen Namen gekennzeichnet werden *(Bild 3.6)*. Aus den ersten 15 Stellen soll der Verwendungszweck des Objektes erkennbar sein wobei, bis zu drei Zeichen eine Erklärung über das Objekt im Expertensystem geben oder über ein Geometrieelement, das durch das Objekt behandelt wird.

Die Entwicklung einer optimalen Struktur der Wissensbasis ist ein iterativer Prozeß, der als rapid prototyping bezeichnet wird. Dabei werden die Schritte

- Konzeptionalisierung
- Implementierung
- Testen
- Analyse

durchlaufen. Das Ergebnis ist eine strukturierte Wissensbasis, die im folgenden als Standardwissensbasis bezeichnet wird.

Bei der Erstellung neuer Anwendungen mit Hilfe der Standardwissensbasis wird an der Struktur der Steuermechanismen nichts geändert. Der Steuermechanismus *ANSICHTEN* mit allen in der Hierarchie darunterstehenden Steuermechanismen und deren Inhalt, wird in einer Gruppe zusammengefaßt (vergl. Kapitel 4.2.1). Der Entwickler hat bei der Neuerstellung die Aufgabe, die Gruppe zu kopieren und in die kopierten Objekte die Informationen der Anwendung zu integrieren [14].

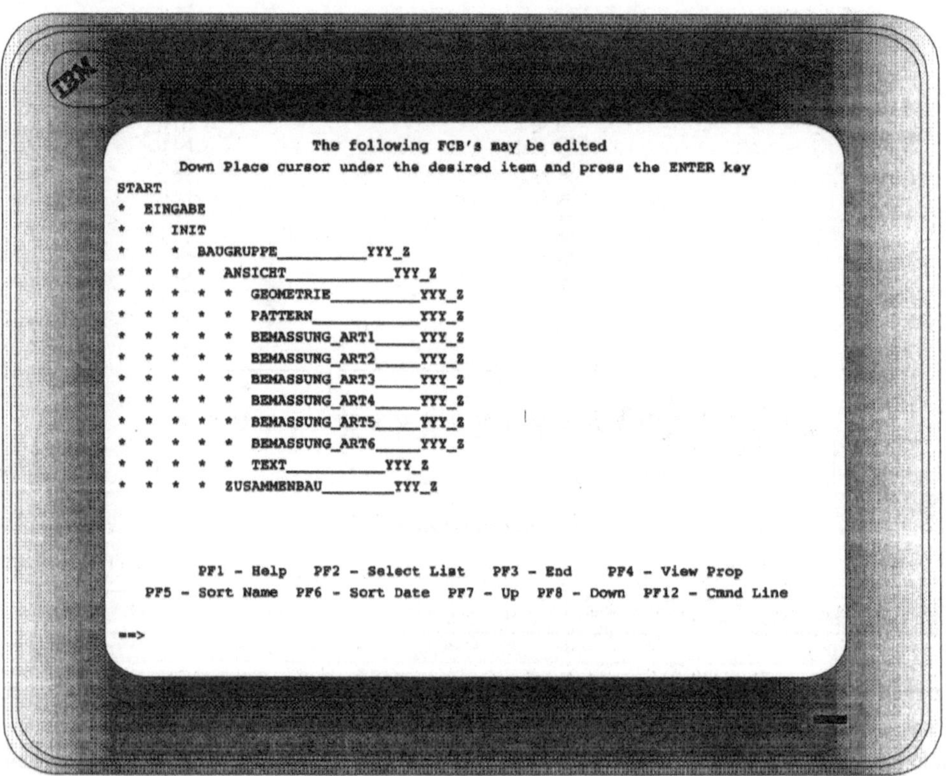

Bild 3.7: Die FCB-Struktur der Standardwissensbasis

Folgende Ziele werden durch die Standardisierung erreicht:

- Die Anzahl der Ansichten pro Einzelteil ist variabel und von der Anzahl her nicht eingeschränkt.
- Eine Schraffur (Pattern) der Einzelteile ist in allen Ansichten möglich.
- Die Bemaßungsarten sind vom Expertensystem aus zu wählen und in allen Ansichten möglich.
- Pro Einzelteil werden dieselben FCB's abgearbeitet, wodurch die Überschaubarkeit und Wartungsfreundlichkeit gewährleistet ist.
- Durch die Definition von FCB-Gruppen wird die Neuerstellung von Einzelteilen vereinfacht.
- Die Anzahl der Parameter wird minimiert.

***Tabelle 3.4*: Aufgaben der Focus Control Blöcke in der Standardwissensbasis**

FCB Bezeichnung	Aufgabe
START	Beinhaltet die Steueranweisungen, um die FCB's für die Eingabe und INIT zu durchlaufen.
EINGABE	In dem FCB werden die Eingabeparameter aus dem Consultation-Schirm S_Eingabe mit dem Kontrolltext ASK abgefragt. Eine Regel zählt, wie viele Ansichten durchlaufen werden, und die Ansichten der Baugruppe werden bekannt gemacht.
INIT	Die in den nachfolgenden FCB's benutzten Parameter werden initialisiert. Hier steht die Steueranweisung, um in den FCB Baugruppe zu springen.
Baugruppe________YYY_Z	Hier erfolgt der Aufruf für die FCB's der Ansichten. Sie sind nach der Reihenfolge der Einzelteile und ihrer Ansichten geordnet.
ANSICHT_________YYY_Z	Aufruf der FCB's, die in der Hierarchie unter diesem FCB stehen. Die Sprunganweisungen werden sequentiell abgearbeitet. Mit dem Kontrolltext ESTABLISH wird die Kontrolle an den aufgerufenen FCB übergeben.

Tabelle 3.4: (Fortsetzung)

FCB Bezeichnung	Aufgabe
GEOMETRIE________YYY_Z	Abarbeitung der Regeln, die zu der Geometriebeschreibung der jeweiligen Ansicht benötigt werden. In den Regeln sind alle Werte für die einzelnen Punkte, Linien und Bögen der Geometrie abgelegt. Jeweils für einen Punkt, eine Linie oder einen Bogen wird eine Regel abgearbeitet.
PATTERN_________YYY_Z	Aufruf der Regeln zur Definition der Schraffur in den Ansichten
BEMASSUNG	Aufruf der Regeln zur Bemaßung der Ansichten
BEMASSUNG_ART1___YYY_Z	Art1: Längenbemaßung von Geometrieelementen
BEMASSUNG_ART2___YYY_Z	Art2: Durchmesserbemaßung Vorderansicht
BEMASSUNG_ART3___YYY_Z	Art3: Durchmesserbemaßung Draufsicht
BEMASSUNG_ART4___YYY_Z	Art4: Winkelbemaßung zwischen zwei Linien
BEMASSUNG_ART5___YYY_Z	Art5: Bemaßung von Kreisbogen
BEMASSUNG_ART6___YYY_Z	Art6: Bemaßung zwischen zwei Punkten
TEXT____________YYY_Z	Definition und Plazierung der Texte in einer Ansicht als Ergänzung zur Bemaßung und zum Ausfüllen der Schriftköpfen im Formblatt
ZUSAMMENBAU______YYY_Z	Regel zum Erstellen des Zusammenbaus aus den Einzelteilen der Funktionsbaugruppen

4. Systemtechnik

Wichtig bei der Auswahl ist, daß beide Systeme: Experten- und CAD/CAM-System, auf einer Hardwareplattform laufen. Natürlich ist es technisch möglich, eine Datenkommunikation zwischen Systemen auf unterschiedlichen Rechnern zu betreiben. Bei einer interaktiven Nutzung der Anwendung ist dies aus Gründen der Performance nicht möglich und auch sonst wegen der Integrationsprobleme nicht empfehlenswert.

4.1. CAD/CAM System

Die meisten heute auf dem Markt angebotenen CAD/CAM-System sind offene Systeme. Dies bedeutet, daß spezielle Anwendungen (Anwendungsprogramme) in die Systemumgebung eingebunden werden können. Die programmierbaren Benutzerschnittstellen bieten dem Programmierer die Möglichkeit, einen interaktiven Bildschirmdialog des Benutzers mit dem System zu steuern. Dies kann grafisch interaktiv als auch über eine Tastatur geschehen. Die Schnittstellen verfügen über Routinen (z.B. Fortran), mit deren Hilfe es möglich ist, Geometrieelemente, Bemaßungen usw. zu erzeugen. Wichtig für die Integration von Anwendungen ist der Einfluß auf die Benutzeroberfläche, die es dem Programmierer gestattet, die Benutzerschnittstelle selbst zu gestalten. Dies ist ein nicht zu vernachlässigender Faktor für die Kopplung mit Expertensystemen, da es hier besonders auf den Dialog mit dem Benutzer ankommt. Es muß entsprechende Möglichkeiten geben, die Fragen und Antworten auf der Benutzeroberfläche des CAD/CAM-Systems abzubilden. Mit dieser Möglichkeit steht und fällt jedes Anwendungsprogramm und in besonderen Maße eine Anwendung mit einem Expertensystem.

Wie schon in Kapitel 3 erwähnt, beziehe ich mich hier beispielhaft auf CATIA, weil es im Automobilbau sehr verbreitet ist, und die hier dargestellte Anwendung damit realisiert wurde. Lösungen mit anderen CAD-Systemen sind nur formal unterschiedlich zu der hier aufgezeigten Systemkopplung.
CATIA (computer graphic aided threedimensional interactive application system) ist ein interaktives CAD/CAM-System. Neben der Zeichnungserstellung und Konstruktion von komplexen räumlichen Bauteilen dient CATIA unter anderem auch zur Simulation von Bewegungsabläufen zusammenhängender Systeme oder Roboter. Das System ist modular aufgebaut und die benötigten Programmteile können nach Bedarf des Anwenders zusammengestellt werden.
Das CAD/CAM-System CATIA bietet dem Anwender zwei Möglichkeiten zur Einbindung von selbst erstellten Fortran-Programmen in das System.
Zum einen ist dies das Modul IUA (Interactiv User Access), wo über einen Interpreter Fortranprogramme aufgerufen werden. Der Einfluß auf die Benutzeroberfläche ist in Bezug auf die IUA-Panels (Fenster, in dem der Dialog mit dem Benutzer geführt werden kann) sehr gering, und Unterfunktionen in der CATIA-Menüleiste sind nicht zu realisieren.

Zum anderen ist dies das Modul GII (Geometry Interactiv Interface). Durch das Interface sind Funktionen mit einer Benutzeroberfläche realisierbar wie sie auch die Standardunterfunktionen in CATIA bieten. Für die Expertensystemkopplung ist GII daher das optimale Werkzeug.

An dieser Stelle soll nicht weiter auf die Vor- und Nachteile von IUA und GII eingegangen werden. Dies würde den Rahmen der Veröffentlichung sprengen.
Mit GII wurden zwei wesentliche Aufgaben realisiert. Die Informationen, die das Expertensystem liefert, müssen auf der CATIA Benutzeroberfläche visualisiert werden (DIALOGUE INTERFACE). Die Geometrieparameter, die das Expertensystem berechnet, müssen in Geometrie umgesetzt werden (GEOMETRY INTERFACE).

Die Benutzeroberfläche ist durch eine hierachische Funktionsstruktur gegliedert:

Funktionsstruktur in CATIA
Das Menüfeld mit den Unterfunktionsaufrufen kann auf der linken oder rechten Bildschirmseite angezeigt werden. Die jeweils aktuelle Dialogfunktion und die eventuell sekundären Unterfunktionen werden in diesem Feld angezeigt, sie sind durch horizontale Linien voneinander getrennt.

Dialogfunktion
Die Dialogfunktionen sind in drei hierarchisch aufeinander aufbauende Ebenen unterteilt, die Unterfunktionen, die Interaktionsfolgen und Dialogschritte. Die Unterfunktionen sind nochmals in Subfunktionen unterteilbar.

Unterfunktion
Die Unterfunktion erfüllt eine Teilaufgabe auf einer unter einer Dialogfunktion liegenden Ebene. Sie ist in Integrationsfolgen aufgeteilt. Eine Unterfunktion wird durch Auswahl eines Menüpunktes aus dem Hauptprogramm aufgerufen. Der durch die Selektion ausgewählte aktuelle Menüpunkt wird farblich unterlegt. Die Auswahl einer Dialogfunktion aktiviert automatisch die Unterfunktionen, die als aktuelle Unterfunktionen definiert sind.

Interaktionsfolgen
Eine Interaktionsfolge erfüllt Teilaufgaben auf der Ebene unterhalb der Unterfunktion. Über Interaktionen werden Dialogschritte durchlaufen mit dem Ziel, Modellelemente zu erzeugen, zu ändern oder zu analysieren. Eine Änderung des Rechnerinternen Modells (Datenbasis) erfolgt erst nach dem normalen Ende der Interaktion.

Dialogschritte
Der Dialogschritt erfüllt elementare Teilaufgaben der Dialogfunktion. Es gibt eine ganze Reihe von Dialogschritten, Auswahl eines Elementes, Drücken der Bestätigungstaste (YES oder NO Taste) auf der Funktionstastatur, Eingabe von Zeichenketten oder arithmetischer

Ausdrücke, die nicht näher beschrieben werden. Die Dialogschritte werden am unteren Bildschirmrand in dem Bereich der Benutzerführung dargestellt.

4.1.1. Programmschnittstelle

4.1.1.1. Erstellen der Dialogfunktionen mit dem CATIA-Modul GII

Mit der GII Schnittstelle können Benutzer selbständig Dialogfunktionen für die Benutzung des CAD/CAM-Systems kreieren.
Zur Erstellung einer Dialogfunktion werden verschiedene Bausteine des GII benötigt:

1. *Das Steuerungsprogramm FSD (Function Structure Definition)*
   Das Steuerungsprogramm ist der Teil von GII, mit der die Benutzeroberfläche in dem CAD/CAM-System erstellt und die Dialogfunktion festgelegt werden kann. Aus dem Steuerungsprogramm heraus, dessen Struktur für jede Dialogfunktion spezifisch erstellt werden muß, erfolgt der Aufruf der Interaktionen und der Fortranprogramme (TASK).

2. *Fortran Programme*
   Das können eigenständige Programme sein oder Programme, in denen CATIA-Unterprozeduren aufgerufen werden. In den meisten Fortran Programmen die im Steuerungsprogramm aufgerufen werden, muß die Anbindung zwischen dem Ausführungsprogramm und dem Steuerungsprogramm erfolgen. Außerdem gibt es über die Ausführungsprogramme die Möglichkeit, Geometrieelemente zu erzeugen.

3. *CATIA-Unterprozeduren*
   Die CATIA-Unterprozeduren (Unterprogrammteile) werden in die Bereiche DIM (DATA Input Manager) und CGI (Catia Graphic Interface) gegliedert.
   Die DIM-Routinen stellen das Bindeglied zwischen Steuerungs- und Ausführungsprogramm dar, indem die Ergebnisse der Benutzerinteraktion an das Ausführungsprogramm übergeben werden. Der Aufruf der DIM-Routinen erfolgt in den Fortran-Programmen (TASK).
   Die Verwaltung und Darstellung von Grafik-Daten werden von den CGI-Routinen realisiert. Besondere Anwendung finden sie bei der Benutzung von Fenstern (PANEL). Fenster werden innerhalb von CATIA für Dialoge oder als Informationshilfen verwendet. Die Besonderheit der Fenster besteht darin, daß sie denselben Bildschirm zur Darstellung wie die Grafikelemente benutzen, aber von der Handhabung getrennt sind.

Das Erstellen einer Dialogfunktion wird in drei Teile gegliedert. Zuerst wird der Funktionsablauf der Dialogfunktion definiert. Der Ablauf der Dialogfunktion, mit ihren Unterfunktionen, die über die Benutzeroberfläche interaktiv angesprochen werden, kann ohne die For-

tran Programme ausgetestet werden. Im zweiten Schritt werden die Fortran Programme (TASK's) in der FSD aufgerufen. Zu diesem Zeitpunkt müssen die Programme, in denen GII Unterprozeduren aufgerufen werden, erstellt sein. Im letzten Schritt werden die Fortran Programme mit dem Steuerprogramm (FSD) zu einem Modul zusammengebunden.
Auf diese drei Schritte wird nun näher eingegangen, da es zum Verständnis der Systemkopplung notwendig ist, die Struktur von GII zu verstehen.
Das Steuerprogramm (FSD) definiert die Dialogfunktionen im Randbereich des CATIA-Bildschirmes, stellt Eingabehinweise (Interaktionsfolgen und Dialogschritte) als Benutzerführung am unteren Bildschirmrand dar und hält Hilfstexte für die Funktion verfügbar. Das Steuerungsprogramm (FSD) ist in drei Bereiche (SECTION's) unterteilt, die verschiedene Aufgaben innerhalb der Funktion erfüllen [17], [18].

4.1.1.1.1. Aufgaben der SECTION 1

Fehlerinformationen
Um Fehler durch unkorrekte Bedienung oder Programmierung abzufangen und sie dem Anwender mitzuteilen, wird die Fehlerbehandlung durchgeführt. Der Programmierer der Anwendung hat die Möglichkeit, eine kurze und/oder lange Mitteilung auf der Benutzeroberfläche auszugeben.
Voraussetzung ist, daß eine Errorcode-Datei festgelegt wird, die Erläuterungen zu den Fehlercodes der selbst erstellten Fortran Programme enthält. Im Falle der Expertensystemkopplung müssen in dieser Datei auch die Fehler, die bei der Expertensystemanwendung auftreten können, berücksichtigt werden.

Hilfeinformationen
Ähnlich wie bei der Fehlerbehandlung gibt es die Möglichkeit, kurze und/oder lange Hilfsinformationen zur aufgerufenen Interaktionsfolge abzufragen.
Voraussetzung ist auch hierfür die Festlegung einer Datei, die Hilfs- und Erklärungstexte zu den Funktionen enthält. Auch hier müssen Hilfen in Bezug auf das Expertensystem abgelegt werden.

INIT-Vereinbarungen
Aufruf von einem Programm das Funktionen startet, um zum Beispiel Speicherdefinitionen zu treffen.

EXIT-Vereinbarungen
Beim Verlassen der Funktion wird ein Programm ausgeführt, das zum Beispiel veranlassen kann, daß Speicherbereiche innerhalb der CATIA-Datenbasis freigegeben und daß Dateien geschlossen oder gelöscht werden usw. Dieses Programm wird immer durchlaufen, wenn die Dialogfunktion das Programmende erreicht hat oder wenn der Anwender bei laufender Dialogfunktion einen Quereinstieg in eine andere Anwendung durchführt.

4.1.1.1.2. Aufgaben der SECTION 2

In diesem Bereich werden Programme aufgerufen, die den Dialog zwischen dem Benutzer und der Funktion zulassen. Hier wird auf die COMMAND's verzweigt, die durch die Selektion des Untermenüpunktes in SECTION 3 vom Benutzer gewählt wurden. Innerhalb des COMMAND-Bereichs werden Strukturen durch Interaktionsebenen gebildet, die durch Schlüsselwörter (INTLEVEL und RESUME) begrenzt werden. In den Interaktionsbereichen erfolgt die Interaktion mit dem Benutzer und die nachfolgende Abarbeitung eines vorgegebenen Programms.

Tabelle 4.1: Beispiel zur SECTION 2

Befehlsfolge in der FSD	Erklärung
COMMAND BEMI	wird von SECTION 3 angesprochen
HELP 200	Verweis in die Hilfedatei, die in SECTION 1 festgelegt wird. In der Datei steht unter Nr.200 ein Hilfetext für das Untermenü "BEMI".
INTLEVEL AWBEMI	Beginn des ersten Interaktionslevels und Aufruf der TASK AWBEMI
HELP 205	Verweis in die Hilfedatei, die in SECTION 1 festgelegt wird. In der Datei steht unter Nr.205 ein Hilfetext für das Untermenü.
PANEL	macht PANEL -Selektionen möglich
PROMPT KEY NR&SEL WORKP	Aufforderung zur Eingabe über das Keybord und Anzeige von NR&SEL WORKP in dem Bereich der Benutzerführung
TASK AWBFIL	Aufruf der TASK AWBFIL. Das Programm verarbeitet die Eingabe vom PANEL und schreibt die Daten in einen Bereich der Datenbasis (Application Data) von CATIA.
RESUME	Ende des ersten Interactionslevels

In dem Bereich der Benutzerführung am unteren Bildschirmrand wird der Anwender aufgefordert, die Betriebsmittelnummer anzugeben *(Bild 4.1)* und danach das Untermenü WORKP aufzurufen.

Durch Schachteln der Interaktionsebenen besteht die Möglichkeit, die Programm-Aufrufe zu strukturieren.

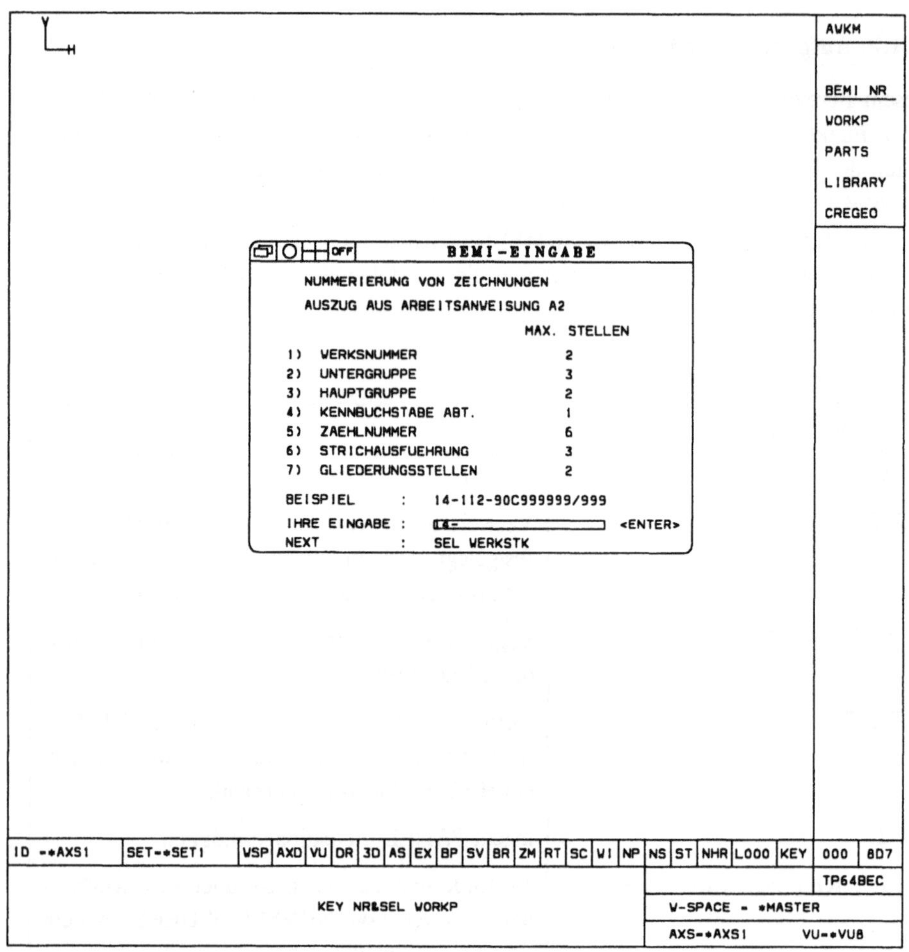

Bild 4.1: Dialog zum Beispiel in SECTION 2

4.1.1.1.3. Aufgaben der SECTION 3

Die Struktur der Dialogfunktion wird in SECTION 3 abgebildet *(Tabelle 4.2)*. Innerhalb von maximal vier Ebenen wird vereinbart, zu welchem COMMAND in SECTION 2 verzweigt wird, wenn der Benutzer die entsprechende Funktion (ITEM) in der Menüleiste am Bildschirmrand angewählt hat. In ihr erscheint oben der Name der ausgewählten Dialogfunktion. *Bild 4.2* zeigt den Status der Funktion direkt nach dem Aufruf. Es werden bei der Aktivierung der Dialogfunktion die Unterfunktionen angezeigt, die in der SECTION 3 in der ersten Ebene definiert werden.

Tabelle 4.2: Beispiel zur SECTION 3

Befehlsfolge in der FSD		Erklärung
MENLEVEL		öffnet die erste Ebene der Menüstruktur
ITEM BEMI_NR BEMI		Menüpunkt der ersten Ebene erscheint am Bildschirmrand als BEMI_NR; in der FSD wird zum COMMAND BEMI in SECTION 2 verzweigt.
ITEM WORKP		Menüpunkt der ersten Ebene erscheint am Bildschirmrand als WORKP.
MENLEVEL		öffnet die zweite Ebene der Menüstruktur
ITEM GEHAEUSE	COMWGE	Menüpunkt der zweiten Ebene; erscheint am Bildschirmrand als GEHAEUSE, sobald WORKP angewählt wurde. In der FSD wird zum COMMAND COMWGE in SECTION 2 verzweigt.
ITEM DECKEL	COMWDE	Menüpunkt der zweiten Ebene erscheint am Bildschirmrand als DECKEL, sobald WORKP angewählt wurde. In der FSD wird zum COMMAND COMWDE in SECTION 2 verzweigt.
ITEM WELLE	COMWWE	Menüpunkt der zweiten Ebene erscheint am Bildschirmrand als WELLE, sobald WORKP angewählt wurde. In der FSD wird zum COMMAND COMWWE in SECTION 2 verzweigt.
ENDMEN		schließt die zweite Ebene der Menüstruktur
ENDMEN		schließt die erste Ebene der Menüstruktur

Im oben gezeigten Beispiel der Dialogfunktion AWKECI werden die Unterfunktionen, BEMI_NR, WORKP, PARTS, LIBRARY und CREGEO angezeigt, die im ersten Interaktionslevel stehen. Im *Bild 4.2* wurde die Unterfunktion WORKP angewählt. Die Funktion zeigt nach der interaktiven Selektion nun die Untermenüs des zweiten Interaktionslevels (Gehäuse, Deckel, Welle).

4.1.1.2. Fortran Unterprogramme

Die Programme für die Funktionen, in denen GII-Unterprozeduren eingebunden sind, werden immer als Fortran Subroutinen, in dem Steuerprogramm (FSD) über den TASK Befehl, abgearbeitet. CATIA bietet eine Fülle von GII-Routinen für unterschiedlichste Anwendungsfälle. Auf die Funktionen wird nicht näher eingegangen, dazu wird auf die einschlägigen Handbücher verwiesen.
Bisher wurde beschrieben, wie mit GII eine Dialogfunktion erstellt werden kann und wie eine CATIA seitige Benutzerführung realisierbar ist. Um das Expertensystem auf der CATIA-Oberfläche abzubilden, ist ein Hilfsmittel notwendig, und dieses Hilfsmittel ist das Fenster. An dieser Stelle wird daher näher auf die Programme der Fenster-Definition eingegangen.

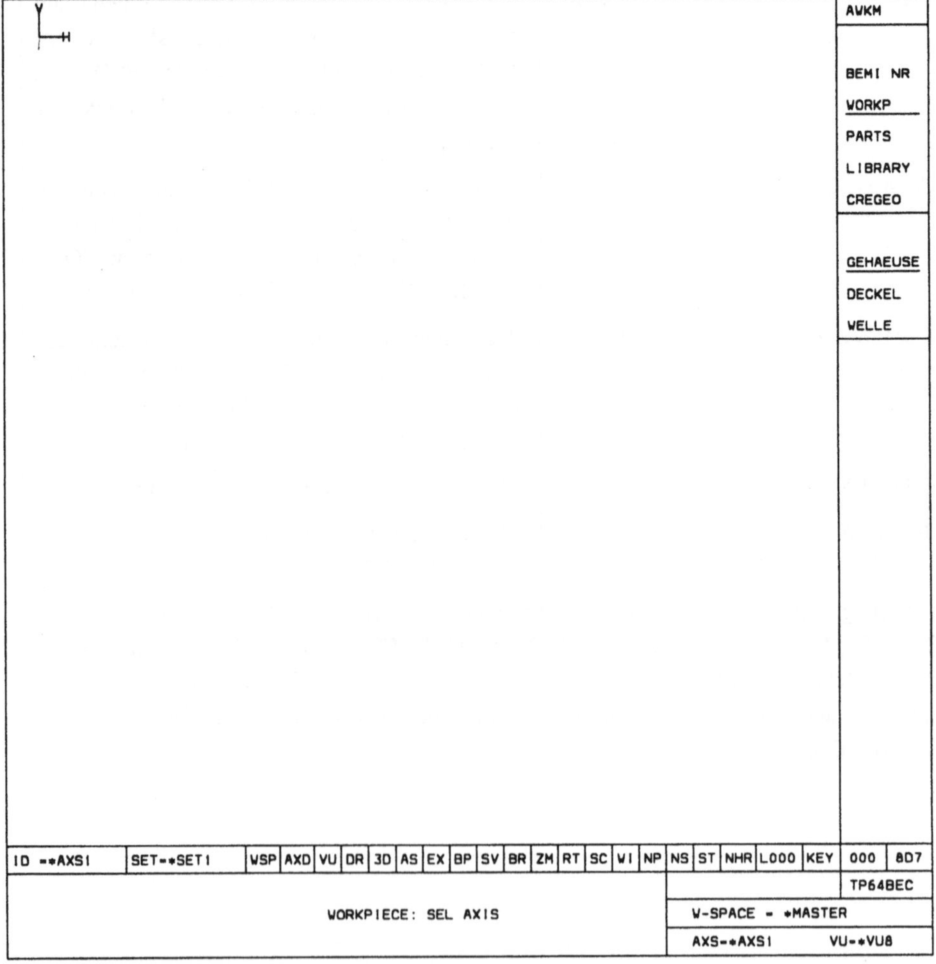

Bild 4.2: Unterfunktionen aus dem Beispiel zu SECTION 3

Ein Fenster, das in dem CAD/CAM-System Panel genannt wird, ist ein verschiebbarer Bereich auf der Bildschirmoberfläche, der alphanumerische Aus- und Eingaben, Ausgabe von einfachen Grafiken und grafische Eingabemöglichkeiten durch Selektion zuläßt. CATIA bietet Routinen zur Definition der Größe und Lage des Panels auf der Bildschirmoberfläche. Die von dem Expertensystem übergebenen Texte müssen im Panel dargestellt werden. Spezielle Programme ermöglichen, daß die Texte in das Fenster gestellt werden. Die vom Expertensystem angebotenen Antwortmöglichkeiten zu den gestellten Fragen müssen im Panel selektierbar sein. Dies wird wiederum mit einem Programm realisiert.

4.1.2. Datenbankschnittstelle

Die Fachgebiete, wo im technischen Bereich DV-Systeme eingesetzten werden, sind durch die Nutzung einer Vielfalt computergestützter Systeme (CAD, CAM, CAQ, PPS, KI usw.) gekennzeichnet. Neben der Datenverarbeitung werden in diesen Fachgebieten auch manuelle Verfahren eingesetzt.

Durch die Vielfalt der möglichen Verfahren werden logisch zusammengehörige Daten voneinander getrennt. Einen Überblick über die relevanten Informationen und deren Zusammenhänge bei Änderungen und/oder Ergänzungen zu behalten, ist schwierig, oder er geht verloren. Mit Hilfe von Datenbanken sollen die erläuterten Probleme lösbar werden. Datenbanken sind in der Lage, den gesamten Umfang der dargestellten Informationen aufzunehmen und dem Benutzer in aufbereiteter Form zur Verfügung zu stellen [15].

Mit den CATIA-Modulen CATIA Data Management Access (CDMA) und CATIA Data Management (CDM) wird der Zugriff von dem CAD/CAM System auf Datenbanken möglich. Durch das Modul CATIA Data Management Access werden die Funktionen der Datenbank unmittelbar an den Arbeitsplatz des Konstrukteurs gebracht, ohne die Benutzeroberfläche des CAD/CAM Systems zu verlassen. Voraussetzung für den Betrieb von CATIA Data Management Access ist CATIA Data Management.

CATIA Data Management ist der Datenbankteil. Auf der Systemseite wird das Modul für MVS-Benutzer (vergl. Kapitel 4.3) durch die relationale Datenbank DB2 unterstützt. Durch die Schnittstellen der beiden Module ist es möglich, vorhandene Programme zu integrieren [16].

Die Beschreibung eines komplexen Objektes, zum Beispiel einer Baugruppe, ist durch eine Vielzahl unterschiedlicher Daten, die untereinander in Beziehung stehen, gekennzeichnet. Für den Konstruktionsbereich sind das Daten, die eine Teilmenge des Konstruktionswissens bilden. Wie in Kapitel 2.2.2.1 beschrieben, ist das Konstruktionswissen in die Bereiche Steuerungs- und Fachwissen gliederbar. Eine wichtige Aufgabe in der Konstruktion ist die Aufteilung des Konstruktionswissens in den Teil, der in einer Datenbank abgelegt werden kann und den Teil, der als Steuerungswissen in dem Expertensystem verarbeitet werden muß. Voraussetzung für diese Datenaufteilung ist natürlich, daß das Expertensystem über eine Schnittstelle zu der Datenbank verfügt, in der eine Teilmenge des Fachwissens aufgenommen wird (vergl Kapitel 4.2.4).

Durch die Konstellation CAD-System, Datenbank und Expertensystem ist die Voraussetzung geschaffen, die unterschiedlichen Daten, die unter dem Begriff Konstruktionswissen subsumiert werden, in dem Konstruktionsbereich DV-technisch zusammenzufassen.

4.2. Expertensystem

Das Expert System Environment, kurz ESE, ist ein Schale (Shell) mit umfangreichen Funktionen zum Aufbau einer Wissensbasis auf Großrechnern.
Der Begriff Schale deutet schon an, daß es sich nicht um eine umfangreiche Programmiersprache handelt, sondern ein Rahmen zur Verfügung gestellt wird, der im Idealfall nur noch mit Expertenwissen aufzufüllen ist.
Das Expertensystem besteht im wesentlichen aus drei Bausteinen *(Bild 4.3)*, dem Entwicklungssystem (DEVELOPMENT ENVIRONMENT), der mit dem Entwicklungssystem definierten Wissensbasis und dem Konsultationssystem (CONSULTATION ENVIRONMENT).
Das Entwicklungssystem wird nur während der Entwicklung des Systems benötigt, mit ihm hat der Wissensingenieur eine Oberfläche, mit der er strukturiertes Wissen und Erfahrungen abbilden kann. Das Entwicklungssystem stellt dem Entwickler außerdem Hilfsmittel zur Verfügung, die es ermöglichen, die Wissensbasis zu testen, Anbindungen an externe Prozeduren bzw. Datenbanken vorzunehmen sowie Bildschirmmasken für die Konsultation zu erstellen.
Ein wichtiger Teil der Entwicklungsumgebung ist die Erklärungskomponente. Sie hat die Aufgabe, dem Benutzer die Problemlösungsstrategie zu erläutern. So kann z.B. erklärt werden, warum das System bestimmte Fragen gestellt hat (warum-Erklärung) oder wie es zu einer bestimmten Lösung gekommen ist (wie-Erklärung). Es wird dabei auf die von der Inferenzkomponente hinterlegten Protokolle sowie auf die durch Rückwärtsverkettung aufgebauten Argumentationsketten zurückgegriffen. Es ist aus Akzeptanzgründen wichtig, dem Benutzer die Möglichkeit zu geben, detaillierte Auskunft über die Entscheidungen des Systems zu erhalten. Die Fähigkeit, Erklärungen über die Schlußfolgerungen des Systems abzugeben, ist charakteristisch und insbesondere für ein technisches Expertensystem eine notwendige Eigenschaft. ESE bietet folgende Erklärungsmöglichkeiten [4]

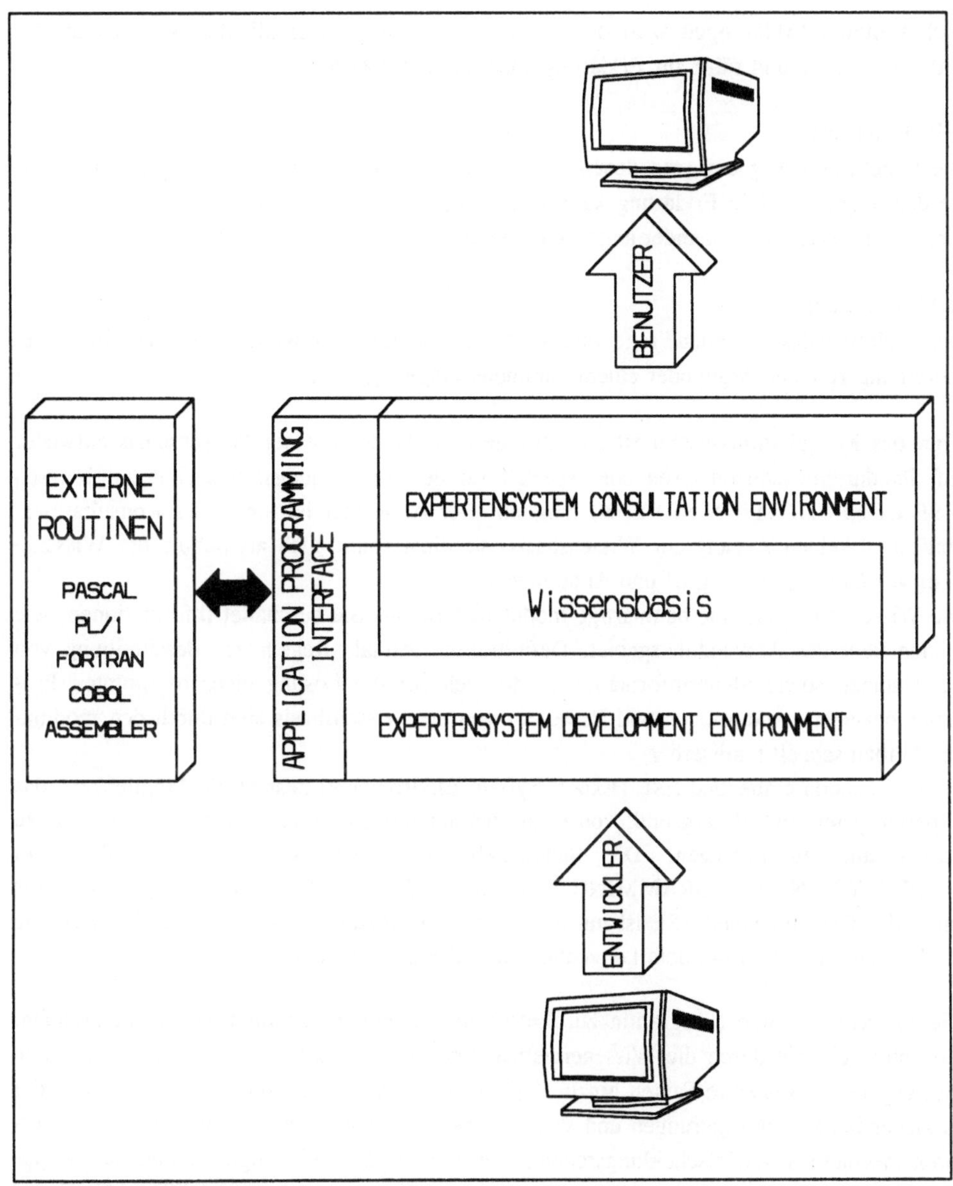

Bild 4.3: Die Bausteine des Expert System Environment

WARUM-Erklärung

Sie gibt die Möglichkeit zu fragen, warum das System eine bestimmte Frage stellt und wofür sie relevant ist. Bei ESE werden an dieser Stelle die Regeln mit ihren Regelnamen und Regeltexten angezeigt, die das System gerade zu evaluieren versucht. Bei wiederholten Anforderungen einer WARUM-Erklärung baut das System einen Baum der aktuell behandelten Regeln auf. Zuerst wird eine Erklärung über die betroffene Regel geliefert, bei der Abfrage nach weiteren Erklärungen wird der Erklärungsausschnitt innerhalb der Argumentationskette verschoben und führt zur Erklärung übergeordneter Ziele.

WIE-Erklärung
Die Regeln und Angaben, mit denen das System zu einer Schlußfolgerung gekommen ist, werden angezeigt. Die Erklärung kann mehrstufig gestaltet sein, wobei die zum Ergebnis führenden Regeln nacheinander angezeigt werden.

WAS-Erklärung
Der Erklärungstext zu einer Frage wird angezeigt, wenn der Entwickler eine detaillierte Beschreibung zu einer Regel oder einem Parameter eingetragen hat.

Über das Konsultationssystem ist die Abfrage und Darstellung der Wissensbasis entweder auf Standardbildschirmmasken oder speziell für den Anwendungsfall definierten Masken (ESE CONSULTATION SCREEN) möglich. Der Anwender hat unter der Konsultationsumgebung keinen Zugang zur Wissensbasis, sie dient somit auch als Schutz der Wissensbasis vor unbefugtem Zugriff und Änderungen.
Die Wissensbasis hat eine baumartige modulare Struktur. Sie beinhaltet Informationen, wie Fakten über das Anwendungsgebiet, Definitionen, formale Regeln zur Beschreibung von Beziehungen sowie Steuerinformationen, die sich auf die Lösung eines bestimmten Problems beziehen. Änderungen und Erweiterungen der Wissensbasis sind durch den modularen Aufbau schnell realisierbar.
Bei der Version embedded ESE (Expert System Environment) besteht die Möglichkeit, das Expertensystem im Hintergrund, von einem bereits aktiven Anwendungsprogramm aus, zu starten und zu benutzen. Die Schnittstelle zum Benutzer wird über das API (APPLICATION PROGRAMMING INTERFACE) an die Anwendungsprogramme angepaßt. Das embedded ESE ist nur als Konsultationssystem einsetzbar. Zur Entwicklung der Wissensbasis muß mit dem konventionellen ESE gearbeitet werden.

Die Inferenzmaschine (Programm zur Entscheidungsfindung) erfüllt zwei Hauptaufgaben. Sie untersucht die durch die Wissenerwerbskomponente erstellten Regeln und Fakten und fügt gegebenenfalls neue Fakten hinzu. Außerdem entscheidet sie über die Reihenfolge der zu ziehenden Schlußfolgerungen und steuert dabei den Dialog mit dem Benutzer. Als Interferenzmechanismen (Entscheidungsregeln) stehen in ESE zwei Möglichkeiten zur Verfügung: die Rückwärts- und die Vorwärtsverkettung. Sie werden in ESE DETERMINE und DISCOVER genannt. Bei der Auswertung einer Wissensbasis wird innerhalb der Verkettungsmöglichkeiten nochmals zwischen der depth-first Suche (zuerst in die Tiefe gehend) und der breadth-first Suche (zuerst in die Breite gehend) unterschieden. Der Inferenzmechanismus geht bei der Rückwärtsverkettung mit der depth-first Suche jeder Möglichkeit nach, ein Subziel zu ermitteln, d.h. bei der hiermit durchgeführten Verkettung hat die Suche nach Subzielen Vorrang vor einer in die Breite gehenden Suche.

Im Gegensatz dazu wird bei der breadth-first Suche zuerst die Breite einer Wissensbasis betrachtet, d.h. sie untersucht zunächst alle Prämissen einer Regel und geht erst dann ins Subziel. Die Anwendung der depth-first Suche hat für den Benutzer den Vorteil, daß das System ihm bei der in die Tiefe gehenden Suche ausschließlich Fragen zu den jeweiligen Subzielen stellt. Weitere Fragen zu einem neuen Subziel werden somit erst dann aufgeworfen, wenn das letzte notwendige Subziel erschöpfend befragt worden ist, ohne daß hierbei Rückschlüsse auf das anfängliche Ziel gezogen werden konnten. Nachteilig wirkt sich aus, daß bei letztlich ergebnisloser Suche der Benutzer unter Umständen einige Fragen zu beantworten hatte. In ESE wird, wie auch in den meisten anderen Systemen, die Rückwärtsverkettung mit der depth-first Suche bevorzugt. Bei dieser Vorgehensweise unternimmt der Inferenzmechanismus jeden Versuch, ein Subziel zu ermitteln. Ausgehend vom Ziel geht er rückwärts, bis er neue Parameter gefunden hat. Diese neuen Parameter werden als Subziele identifiziert. Anschließend werden weitere Regeln untersucht, die Schlüsse auf diese Subzielparameter zulassen. Die Rückwärtsverkettung wird so lange fortgesetzt, bis Werte für die Subzielparameter vorliegen. Am Ende versucht der Inferenzmechanismus über die gefundenen Ergebnisse auf das anfängliche Ziel zurückzuschließen.
Darüberhinaus bietet ESE dem Entwickler die Möglichkeit, durch bestimmte Strategien in die Ablaufsteuerung einzugreifen. Es können Festlegungen getroffen werden, welche Regel zur Bestimmung der Zielparameter bei der Rückwärtsverkettung oder Vorwärtsverkettung herangezogen werden soll. Hierbei besteht die Möglichkeit, einzelne Regeln oder eine Gruppe von Regeln anzusprechen

```
DISCOVER--use(R_GROUP_ANSICHTEN)
```

oder die Reihenfolge der zu aktivierenden Regeln zu beeinflussen.

```
DETERMINE (Gruppenname)--order rules by(least;first)
```

4.2.1. Die Objekte des Expertensystems

Das Expertensystem arbeitet intern mit fünf Objekttypen, die vom Entwickler zur Erstellung eines Expertensystems verwendet werden.
Bei der Definition der Objekte müssen ihre Eigenschaften (Properties) festgelegt werden. Dazu bietet das Expertensystem für jeden Objekttyp einen Eingabeschirm an. In der folgenden Beschreibungen der Objekte werden ihre möglichen Eigenschaften im einzelnen behandelt *(Tabellen 4.3 - 4.7)*.

4.2.1.1. Parameter

Die Parameter sind die Variablen des Expertensystems. Sie können mit Namen versehen werden, deren maximale Länge 24 Zeichen beträgt. Ihre Wertebereiche müssen durch die Festlegung des Parametertyps eingesetzt werden. Die Wertzuweisung findet zur Ausführungszeit statt, wobei jede Wertzuweisung mit einem Gewißheitsfaktor verknüpft werden kann.

Tabelle 4.3: Mögliche Eigenschaften des Parameters

Property	Erklärung
CONSTRAINT	Definition des Parametertyps NUMBER Zahl vom Typ Real BOOLEAN Logische Größe (1 oder 0) STRING Zeichenkette BITSTRING Kette von Bits (binärcode) HEXSTRING Kette von Bits
	Der Typendefinition kann folgen: MULTIVALUED erstellt eine Liste, in der kein Element identisch ist. ORDERED erzeugt eine Liste, in der die dem Parameter zugewiesenen Elemente nach der Reihenfolge ihrer Zuweisung angeordnet sind (Datenfelder). LENGHT n wird definiert für die Typen BITSTRING und HEXSTRING.
Sourcing Sequence	spezifiziert die Herkunft des Parameterwertes - Konsequenz aus einer Regel - Eingabe über Schirm - Default-Wert - Ergebnis aus Programm (API)
PROMPT	Fragetext an den Benutzer
FORMAT MASK	definiert das Ausgabeformat von Zahlen
LONG PROMPT	ausführlicher Fragetext, den der Benutzer mit dem Befehl WHAT abrufen kann
DEFAULT CONSTRAINT	Vorgabewert für den Parameter, wenn in der SOURCING SEQUECE der Default-Wert spezifiziert wurde
EXPEXT VALUE	Bei der Eingabe eines nicht definierten Wertes für den Parameter erscheint eine Rückfrage.
OWNING FCB	bestimmt die Zugehörigkeit des Parameters zu den FCB's
PROCEDURE ARGS	Argumente, die dem Programm übergeben werden

Tabelle 4.3: (Fortsetzung)

SCREEN	Angabe des Eingabeschirms für den Parameter, wenn in der SOURCING SEQUENZ die Eingabe über den Schirm spezifiziert wurde
PROCEDURE NAME	Name des Programmes, in dem der Parameter über eine externe Routine berechnet wird
VAL CAN CHG FLG	Boolsche Variable TRUE: Der Parameter kann überschrieben werden. FALSE: Der Parameter kann nur eine Zuordnung erhalten.
COMMENT	ausführliche Beschreibung des Parameters durch den Entwickler der Wissensbasis
NAME	Definition des Parameternamens
PRINT NAME	Definition des am Bildschirm angezeigten Namen des Parameters
AUTHOR	Name des Entwicklers

4.2.1.2. Regeln

Sie stellen die Zusammenhänge zwischen den Parametern her und dokumentieren über das Regelwerk das Expertenwissen. Eine Regel besteht aus der Prämisse und dem Aktionsteil. Damit der Aktionsteil ausgeführt werden kann, muß die Prämisse den Wert "TRUE" haben. Im Ausführungsteil kann ein Parameter mit einem Wert belegt werden, es können Informationen ausgegeben oder der Kontrollfluß gesteuert werden. Die Systematik beim Abarbeiten einer Regel ist in *Bild 4.4* dargestellt.

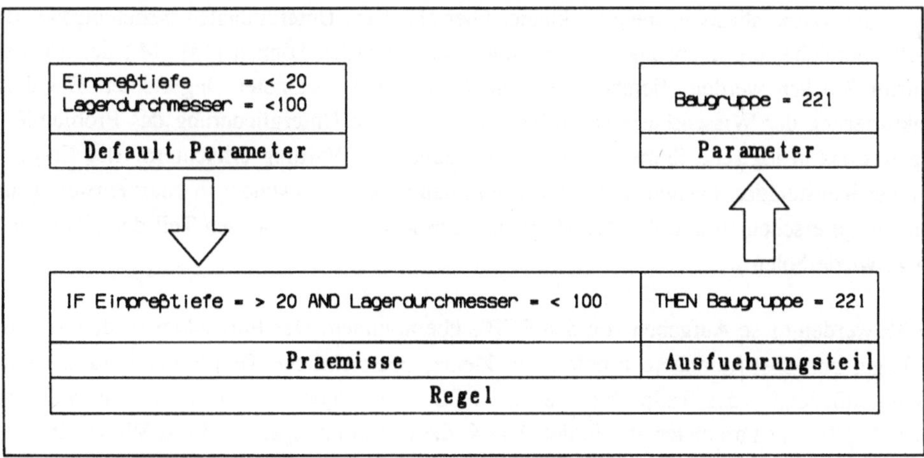

Bild 4.4: Abarbeitung der Regeln

Tabelle 4.4: Mögliche Eigenschaften der Regel

Property	Erklärung	
RULE TEXT	Regeltext	
OWNING FCB's	Liste der FCB's, denen die Regel zugeordnet ist	
RULE TYP	Typendefinition der Regel	
	INFERENCE RULE	Regel kommt zur Ausführung, wenn die Prämisse wahr ist
	SINGEL FIRE MONITOR RULE	Pro Konsultation kann jede Regel nur einmal ausgeführt werden.
	MULTIPLE FIRE MONITOR RULE	Die Regel kann mehrmals feuern.
PRINTNAME	Angezeigter Name der Regel	
COMMENT	Erklärungstext, den der Anwender mit HOW oder WHY aufrufen kann	
JUSTIFICATION	Dokumentationshilfe für den Entwickler der Wissensbasis	
NAME	Name der Regel	
AUTHOR	Name des Entwicklers	

4.2.1.3. Focus Control Blocks (FCB)

Focus Control Blöcke definieren die Struktur der Wissensbasis. Sie ermöglichen eine Gliederung der Wissensbasis in mehrere kleine, überschaubare Untereinheiten beziehungsweise Problembereiche, die unabhängig voneinander gelöst werden können [15]. Mit den Focus Controll Blöcken werden Hierachien für die Regeln und Parameter eingerichtet. Bei der Strukturierung der Wissensbasis ist zu beachten, daß eine Untergliederung des Problemlösungswissens in logische Einheiten, die Entwicklung und Wartung erleichtern. Die Fragen bei einer Konsultation müssen so gesteuert sein, daß sie dem Anwender in einer einsichtigen Reihenfolge erscheinen und daß die Möglichkeit besteht, einen gewissen Teil der Konsultation zu wiederholen.

In ESE werden diese Aufgaben von den FCB's übernommen. Der Entwickler ist dadurch in der Lage, zunächst komplexe Probleme in kleine, übersichtliche Teilprobleme aufzulösen und anschließend jedes Teilproblem einem FCB zuzuordnen. Die Teilprobleme werden durch Regeln und Parameter abgebildet. Durch diese Zuordnungen wird das Wissen in der Wissensbasis strukturiert. Eine Ablaufsteuerung wird durch die Anordnung der FCB's und die Anwendung von Kontrolltexten ermöglicht. Bei der Abarbeitung der FCB's können durch die Kontrolltexte Daten erfragt und nach außen gegeben werden.

Tabelle 4.5: Mögliche Eigenschaften des Focus Control Blocks

Property	Erklärung
GOALS	Gruppe von Parametern, die bei der Rückwärtsverkettung (DETERMINE) benutzt werden können
INITIAL DATA	Gruppe von Parametern, die durch ASK abgefragt werden können
RESULTS	Gruppe von Parametern, die mit DISPLAY ausgegeben werden können
EXTERNAL DATA	Gruppe von Parametern, die in PROCESS oder ACQUIRE verwendet werden können
PARAMETERS	Liste der Parameter, die zu diesem FCB gehören
RULES	Liste der Regeln, die zu diesem FCB gehören
CONTROL TEXT	Enthält eine Abfolge von Befehlen (Regel- und Kontrolltextaufrufe), die sequenziell abgearbeitet werden können
ANNOUNCE	Erklärungstext, der beim Einstieg in den FCB ausgegeben wird
INITIAL QUERY	Fragetext an den Benutzer bei erster Abarbeitung
ADD INST QUERY	Fragetext an den Benutzer bei erneuter Abarbeitung
DIST FEATURES	Liste von Parametern, die zu Beginn der Abarbeitung des FCB's abgefragt werden
MAX INSTANCES	Anzahl wie oft der FCB abgearbeitet werden soll
DISPLAY SCREEN	Name des Benutzerschirmes
MULT CHOICE SCR	Name des Benutzerschirmes für mehrfache Auswahl
ENTER VALUE SCR	Name des Benutzerschirms zur Eingabe von Werten
PARENT	Name des FCB's, der in der Hierachie über dem aufgerufenen FCB steht
NAME	Name des FCB's
AUTHOR	Name des Erstellers
COMMENT	Dokumentationstext für den Entwickler
DYN RULE ORDER	Dynamische Änderung der Regelreihenfolge

4.2.1.4. Group

Eine Gruppe ist eine Zusammenfassung von Objekten. Diese Objekte können durch die Gruppenzugehörigkeit innerhalb einer Wissensbasis als "ein Objekt" gehandhabt werden.

Objekte können einer Gruppe durch Angabe des Gruppennamens hinzugefügt werden. Objekte, die einer Gruppe zugeordnet wurden, sind trotzdem einzeln ansprechbar.

Tabelle 4.6: Mögliche Eigenschaften der Gruppe

Property	Erklärung
MEMBER LIST	Liste der in der Gruppe enthaltenen Objekte
COMMENT	Dokumentationstext
NAME	Name der Gruppe
PRINT NAME	angezeigter Name der Gruppe
AUTHOR	Name des Erstellers der Wissensbasis

4.2.1.5. Schirme

Das Expertensystem bietet dem Wissensingenieur die Möglichkeit, zur Unterstützung der Konsultation eigene Bildschirmmasken zu erstellen. Die grafischen Möglichkeiten der Bildschirmformatierung sind sehr vielfältig und erlauben eine benutzerfreundliche Präsentation des eingegebenen Wissens. Das Design der Bildschirmmasken kann der Entwickler zusammen mit dem Benutzer des Expertensystems innerhalb des Screen Layout Facility vornehmen. Die Bildschirmmasken können den Objekten Parameter und FCB zugeordnet werden.

Tabelle 4.7: Mögliche Eigenschaften der Schirme

Property	Erklärung
COMMENT	Dokumentationstext als Erklärung zu dem Schirm
NAME	Name des Bildschirmfeldes
AUTOR	Name des Erstellers
PRINT NAME	angezeigter Name des Schirmes

4.2.2. Programmschnittstelle

Für die Kopplung des Expertensystems mit dem CAD/CAM-System wird die Version embedded ESE 1.2 eingesetzt *(Bild 4.5)*. Mit dieser Version besteht die Möglichkeit, das Expertensystem im Hintergrund, von einem bereits aktiven Anwendungsprogramm aus, zu starten und zu konsultieren. Die Schnittstelle zum Benutzer wird über das Application Programming Interface (API) an die Anwendungsprogramme angepaßt.

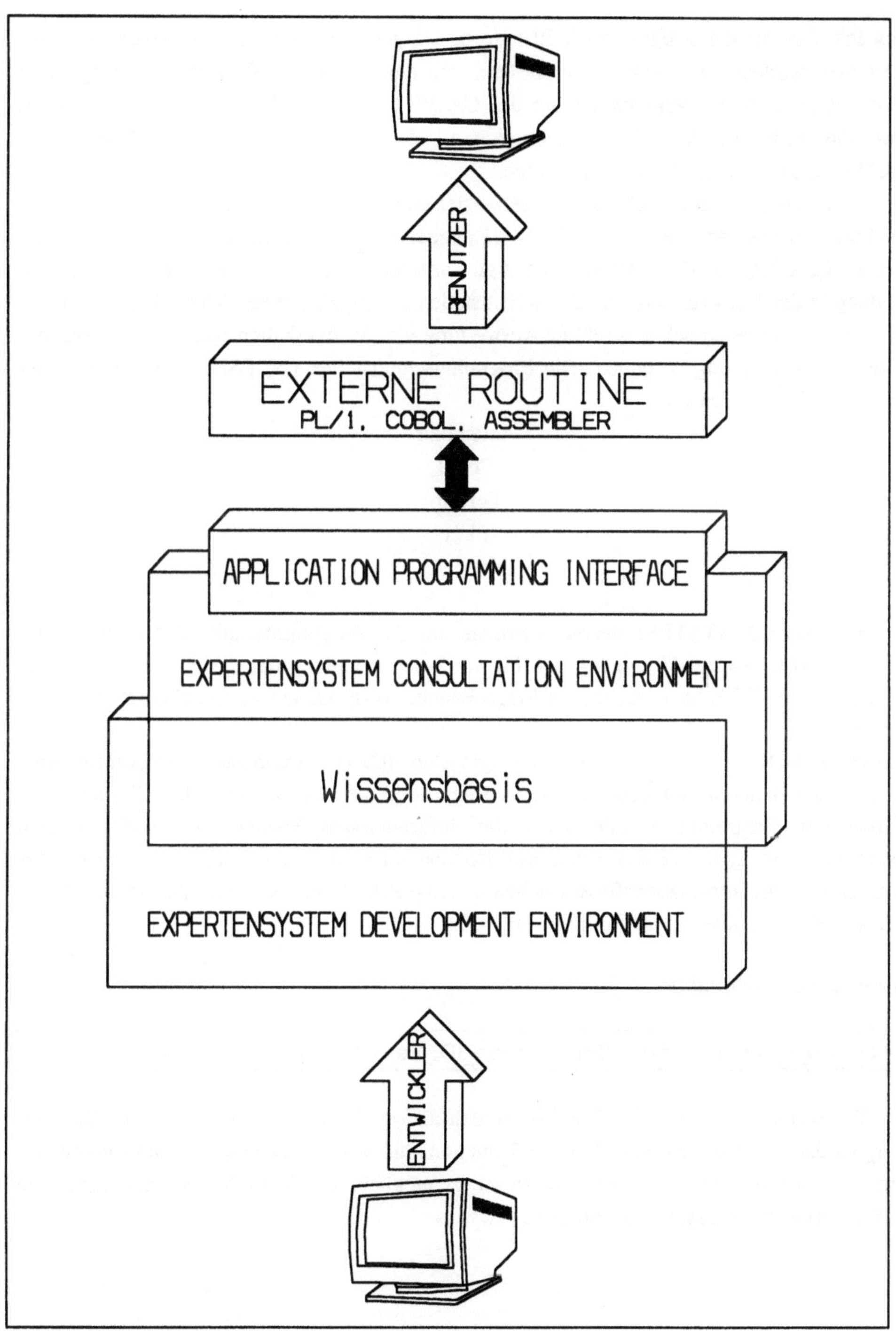

***Bild 4.5*: Benutzerschnittstellen der embedded Version von ESE**

Das Interface ist die Programmschnittstelle des Expertensystems zu den klassischen Programmiersprachen. Das Anwendungssystem, von dem aus das embedded ESE aufgerufen wird, ist im Fall der Systemkopplung das CAD/CAM-System * CATIA. Genauer gesagt wird das ESE aus dem Steuerungsprogramm, der GII-Umgebung, des CAD-Systems CATIA als Programm (TASK) aufgerufen.
Expertensysteme können nicht isoliert betrachtet werden, sondern sind stets Bestandteil einer bereits bestehenden Soft- und Hardwareumgebung. Die Integration von Expertensystemen in die übrige DV-Welt ist eine wichtige Forderung. Die Expertensysteme werden ihre Stellung in der Konstruktion über die Schnittstellen entscheiden. Eine Schnittstelle zu klassischen Programmiersprachen wird zur Auswertung von Sachverhalten oder für sehr rechnerintensive Anwendungen genutzt. Die Programmschnittstellen von ESE zu externen Prozeduren sind Vorhanden für:

Assembler
Cobol
Fortran
PL/1
Pascal

Für ESE als SUBSYSTEM stehen allerdings nur die Programmschnittstellen, PL/1, Assembler und Cobol zur Verfügung. Da für die Systemkopplung nur das SUBSYSTEM, im folgenden mit ESCE umschrieben, in Frage kommt, wird nur auf diese Schnittstelle eingegangen.
Die externen Routinen, die im Anwendungssystem (CAD/CAM-System) aufgerufen werden, kommunizieren mit dem Expertensystem über die Subroutine *CBLTESX* aus dem Application Programming Interface. Alle Informationen können von und zu dem Expertensystem über die Parameter der Routine ausgetauscht werden *(Tabelle 4.8)*. Zur Realisierung des Informationsflusses stehen umfangreiche Funktionen zur Verfügung *(Tabelle 4.9)*, die als Parameter in der Routine aufgerufen werden.

Parameter der Subroutine

```
CALL CBLTESX (Function, Consultation_ID, Return-Area, <P1,..,Pn>)
```

Die Parameter, P1,...,Pn, der Routine werden aktionsabhängig belegt. Bei ihrer Verwendung ist darauf zu achten, wie sie im Informationsfluß der beiden Systeme Anwendung finden. Mit den beschriebenen Parametern ist es möglich, die Konsultationsoberfläche von ESE im Anwendungssystem abzubilden.

* CATIA ist ein eingetragenes Warenzeichen von Dassault Systemes

Tabelle 4.8: Erklärung zu den Parametern zur Subroutine CBLTESX

Parameter	Erklärung
Function	Der Parameter beschreibt die auszuführende Funktion von ESCE. Die Funktionen sind in drei Hauptgruppen einteilbar: 1. Ablaufkontrolle 2. Datenmanipulation 3. Fehlerkontrolle
Consultation_ID	Identifikationskontrolle zwischen Anwendungsprogramm und ESCE. Mit diesem 8-Byte Feld werden die Benutzer bei paralleler Konsultation identifiziert.
Return_Area	ist ein 84-Byte großes Feld mit einem Fehlercode (4 Byte) und einer Fehlermeldung (80 Byte)
P1,P2,.......Pn	Parameter, die in Abhängigkeit von den Funktionen spezifiziert sein müssen

4.2.3. Datenbankschnittstelle

Die zur Informationsweiterverarbeitung notwendigen Daten (vergl. Kapitel 4.1.2) kann das Expertensystem aus Datenbanken holen. So gibt es bei dem eingesetzten Expertensystem die Möglichkeit, SQL-Befehle direkt in den Regeln aufzurufen und so den Zugriff auf die Tabellen der relationalen Datenbank DB2 zu realisieren.

Datenbankzugriffe lassen interessante Möglichkeiten bei der Konfiguration einer Anwendung mit dem Expertensystem zu. So ist es denkbar, über eine Dialogschnittstelle das Wissen in die Datenbank einzubringen, um anschließend über eine weitere Schnittstelle die Daten durch das Expertensystem verarbeiten zu lassen. Diese Schnittstelle kann beispielsweise das CATIA Modul CDMA (vergl. Kapitel 4.1.2) sein, das sich nahtlos in die bestehende Benutzeroberfläche der CAD/CAM Umgebung einfügt,

Die zur Verarbeitung der Daten notwendigen Regeln für das Expertensystem können in einer relationalen Tabelle der Datenbank abgelegt werden [19]. Ein wichtiger Aspekt für dieses Vorgehen ist die Aktualisierung der Daten. Da auf eine Datenbank von mehreren Anwendungssystemen zugegriffen werden kann, ist eine Änderung und Aktualisierung der Daten nur einmalig notwendig. Sind die Daten in jedem Anwendungssystem integriert, muß jede Anwendung einem Update unterzogen werden. Bezogen auf das Expertensystem wäre der Wissenstransfer automatisiert, da nach der Aktualisierung der Datenbank die betroffenen Wissensbasen automatisch geändert werden.

Hat das CAD/CAM-System die Möglichkeit, auf dieselbe Datenbank zuzugreifen wie das Expertensystem, ist dies eine weitere Möglichkeit der Kommunikation zwischen den Systemen, um die durch das Expertensystem ermittelten Parameterwerte für die Geometrieerstellung auszutauschen.

Tabelle 4.9: Beschreibung der möglichen Funktionen und der funktionsabhängigen Parameter

Funktion	Parameter	Datenfluß*	Datentype	Erklärung
CONSULT				Beginn einer Konsultation mit einer Wissensbasis
END				Beenden der Konsultation mit dem ESCE unter Bezugnahme der Consultations_ID
INIT				Laden der vorgegebenen Wissensbasis
	KB_NAME	-->		Name der Wissensbasis
	ENVIRON	-->		Variable für die Systemumgebung (BATCH, CICS, IMS)
	TERM_ID	-->		Terminal-Identifikationsnummer
RERUN				Wiederholung einer ESCE-Konsultation, wenn sie mit dem STORE Befehl gespeichert wurde
	FILE_NAME	-->	C*n	Name der Datei, in der die Consultation gespeichert wurde
	DISP_MODE			Festlegen des Anzeigemodus
	STOP_ON	-->		bestimmt den Parameter, bei dem die Konsultation gestoppt wird
RETURN				Meldung, daß ein Konsultationsschritt erfolgreich abgearbeitet wurde und mit der Konsultation fortgefahren werden kann.
STORE				Speichern einer Konsultation in einem File
	FILE_NAME	-->	C*n	Name der Datei, in der die Consultation gespeichert wird
	OVER_WRITE	-->		Angabe, ob alte Fassung überschrieben werden darf
UNDO				Ändern der Antwort auf vorherige Frage
	NUM_LIST	-->		Anzahl der Fragen, die wiederholt werden sollen

* Erläuterung der Symbole zur Darstellung des Informationsflußes durch die Parameter:
--> Input für ESCE; <-- Output von ESCE, <--> In- und Output für/von ESCE

Tabelle 4.9: (Fortsetzung)

Funktion	Parameter	Daten-fluß	Daten-type	Erklärung
	LIST_ELEM	-->	C*n	Elementliste, die zu ändernde Antworten enthält
WAIT				Das Anwendungsprogramm wird in einen Wartezustand versetzt, bis ESCE den Dialog beginnt. Zusätzlich gibt diese Funktion Auskunft über die nächste in der Konsultation anstehende Aktion.
	REASON	<--		Identifiziert die Art des von ESE geführten Dialoges Ask FCB Property DISPLAY FCB Property ANNOUNCE Erklärungstext Liquery Initial Query im FCB AIQUERY ADD INST QUERY im FCB END Ende der Konsultation ACQUIRE FCB Property PROCESS FCB Property SCREEN Das Anwendungsprogramm erhält die Kontrolle nach einem Aufruf einer externen Routine zurück.
	NARGS	<--		Anzahl der Argumente, die abgearbeitet werden müssen
	NPARMS	<--		Anzahl der Parameter, die abgearbeitet werden müssen
	SCREEN	<--		Name des abzuarbeitenden Dialog-Schirmes
GETPARAM				Übergabe von einem Parameter an das Anwendungsprogramm
	PARAM_NAME	<-->		Name des zu bearbeitenden Parameters
	PARAM_NO	<-->		Nummer des zu bearbeitenden Parameters
	PARAM_VALNO	-->		Wert des zu bearbeitenden Parameters
	PARAM_LENTH	-->		Variable für die max. zulässige Stringlänge

Tabelle 4.9: (Fortsetzung)

Funktion	Parameter	Datenfluß	Datentype	Erklärung
	PARAM_TYPE	<-->		Variable für den TYP des Parameters STRING NUMBER BOOLEAN HEXSTRING BITSTRING
	PARAM_NUVA	<--		Anzahl der vorhandenen Werte des Parameters
	PARAM_CERT	<--		Variable für die Sicherheit des Parameters
	PARAM_VALUE	<--	C*n R*8	Der Datentype des Parameters ist abhängig vom verwendeten Parametertype (STRING, NUMBER usw.)
GETSDATA				Abfrage von Systemdaten aus ESCE
	DATA_TYPE	-->		definiert die Daten, die von ESE abgefragt werden PROMPT Fragetext des aktuellen Parameters RESTRICT Grenzwerte des Parameters TAKENFL Ermitteln der Taken from Liste WHAT WHAT-Text WHY WHY-Text HOW HOW-Text ENVIRON Systemumgebung FCB Name des für den aktuellen Parameters gültigen FCB
	DAT_LEN	<-->		Länge des übergebenen Parameterwertes
	VALUE	-->	C*n	Variable für die Zeichenlänge der durch WHAT, WHY, HOW erfragten Informationen
	PARAM_NAM	<-->		Name des Parameters, über den Informationen geholt werden
	PARAM_NUM	<-->		Nummer des Parameters für den gezielten Zugriff

Tabelle 4.9: (Fortsetzung)

Funktion	Parameter	Datenfluß	Datentype	Erklärung
SET				Übergabe eines Parameters an ESCE
	PNAME_3	-->		Name des Parameters, dessen aktueller Wert an ESCE übergeben werden soll
	PARMN_3	-->		Nummer des Parameters, der bearbeitet werden soll
	PLEN_3	-->		Länge des zu übergebenden Parameterwertes
	PTYP_3	-->		Parametertyp STRING NUMBER BOOLEAN HEXSTRING BITSTRING
	CERT_3	-->		Variable für die Sicherheit, mit der der Wert bestimmt wurde
	SVAL_3	-->	C*n	Variable für den zu übergebenden Parameterwert

4.3. Kopplung der Systeme

In dem Kapitel 4.1.1. der Systemtechnik ist sehr speziell auf die Programmschnittstelle des CAD/CAM- und Expertensystems eingegangen worden. Damit wurde die Voraussetzung zum Verständnis der Systemkopplung geschaffen.

Kern der Kopplung sind Programme, die den Datenaustausch zwischen den Systemen realisieren. Diese Programmstruktur ist als Interface zu verstehen, das in der weiteren Beschreibung mit ESE CATIA Interface (ECI) bezeichnet wird *(Bild 4.6)*. Das Interface ist in der Programmsprache Fortran geschrieben. Der Benutzer kann interaktiv über die CATIA Dialogfunktion die Anwendung selektieren. Aus diesem Grund wird die ESE-Routine "*CBLTESX*", mit der die Kommunikation zwischen den Systemen hergestellt wird, aus dem Steuerungsprogramm (FSD) heraus über ein Programm (TASK) gestartet. Dieses Programm ist das Hauptprogramm für das ESE-CATIA Interface.

Um den Aufruf der ESE-API-Routine im GII-Umfeld von CATIA zu realisieren, muß die Programmlibrary der API-Routinen in GII bekannt gemacht werden. Dies wird durch den CATDCG-Job erreicht. Mit diesem Job wird ein Load Modul erstellt, in dem das Steuerungsprogramm mit den Fortran Programmen zu einer CATIA-GII-Funktion zusammengebunden werden. Durch diesen Job bekommt die Funktion auch ihren Namen.

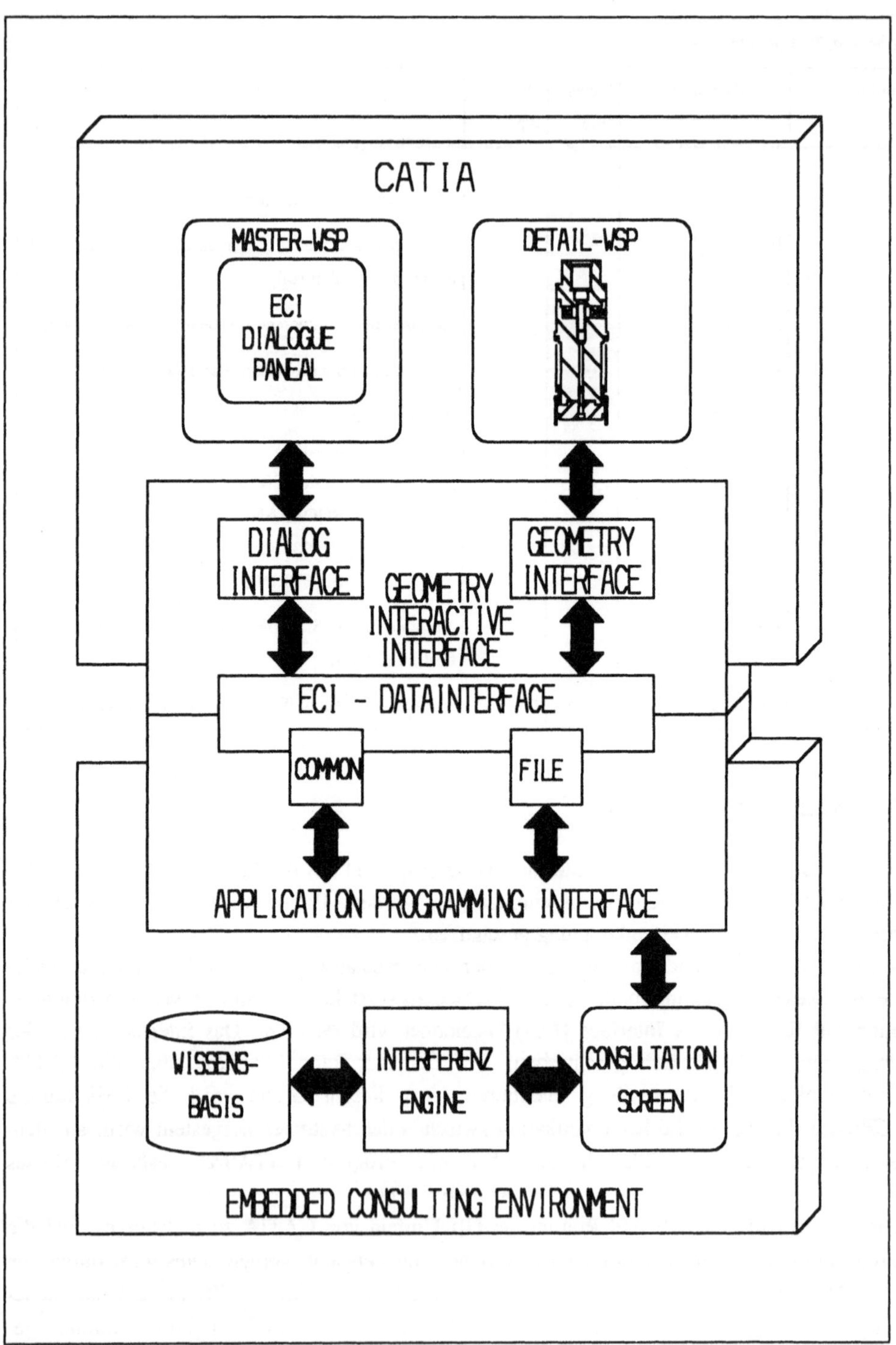

Bild 4.6: Schema der CAD-Expertensystemkopplung

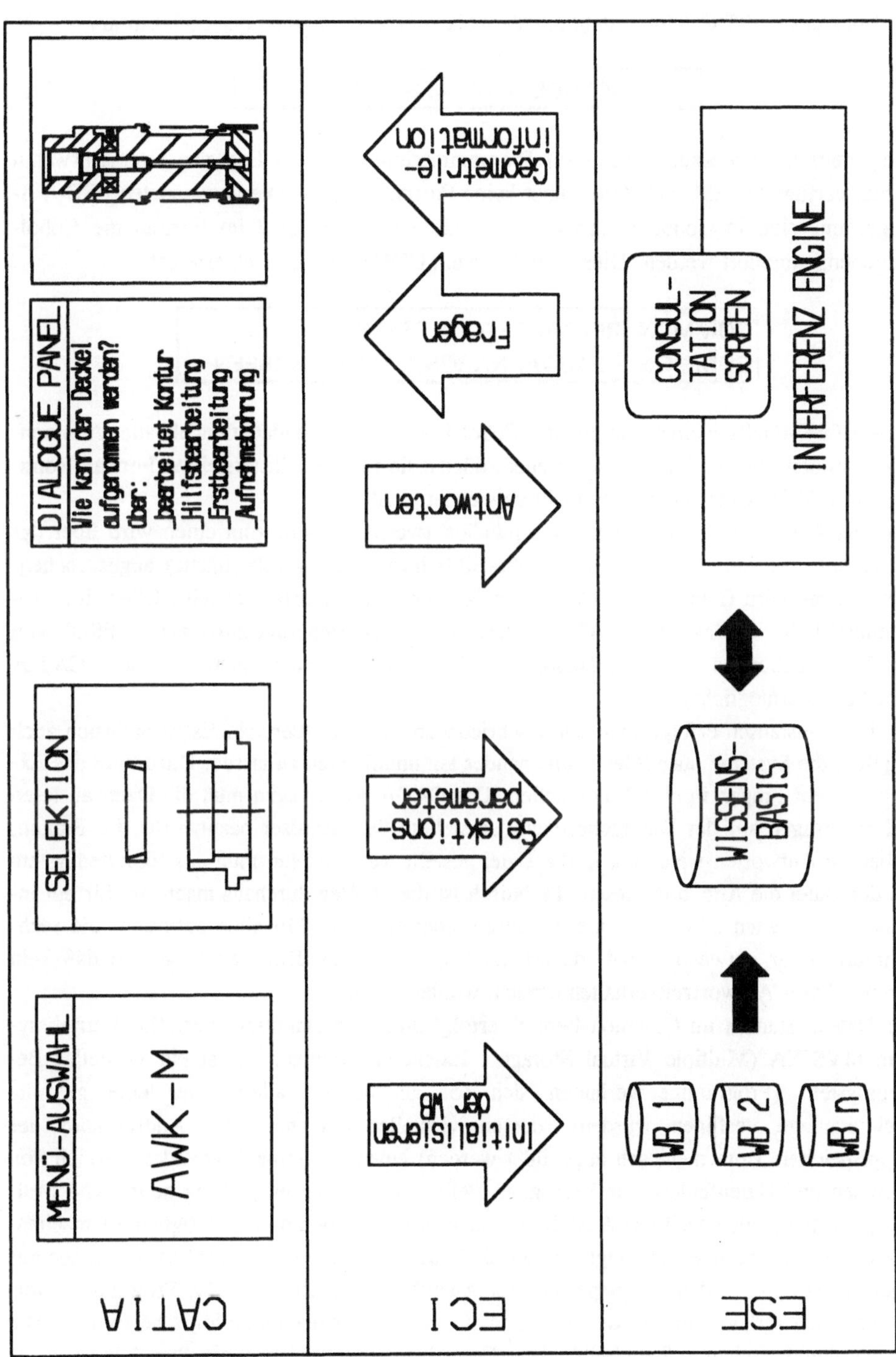

***Bild 4.7*:** **Aufgaben des Dateninterfaces**

Am Ende des CATDCG-Job's steht ein Verweis auf die Zuordnung der ESE-Library.

```
INCLUDE SYSLIB(ESXSUBSS)
```

Wie bereits in dem Kapitel 4.2.3 zur Programmschnittstelle des Expertensystems erwähnt wurde, verfügt das ESE-Subsystem über keine Fortran-Library. Die verwendeten ESE-API-Programme sind in Cobol geschrieben. Für diese Routinen muß im Fortran die Cobol-Umgebung simuliert werden. Dies wird durch ein COMMON-Bereich erreicht.

```
COMMON /RETAR/ RETCDE,RETMSG
COMMON /REASDA/ NARGS,NPARMS,SCREEN
```

Diese COMMON's werden nur für die Cobol-Routinen verwendet. Obwohl die Common-Blöcke in den Fortran-Programmen stehen, dürfen sie für die selbsterstellten Fortran-Routinen und CATIA-Unterprozeduren nicht verwendet werden.
Das ESE CATIA Interface hat im wesentlichen zwei Aufgaben, zum einen wird über das Dialog Interface das Panel auf dem Catia-Bildschirm (Benutzeroberfläche) angesprochen, zum anderen wird Geometrie in Catia über das Geometrie Interface erstellt. Über eine Programmschleife ist das ESE CATIA Interface in das Steuerungsprogramm (FSD) von CATIA eingebunden, um den Dialog zwischen dem Expertensystem und dem CATIA Benutzer zu ermöglichen.
Der Datenaustausch erfolgt über den beschriebenen Common-Bereich. Es ist natürlich auch möglich, die Systeme über Files's miteinander kommunizieren zu lassen. Dazu muß das Expertensystem Fragen in eine Datei stellen. Das CAD/CAM-System muß die Datei auslesen und die Fragen auf der Dialogoberfläche darstellen; der Benutzer beantwortet die Fragen, wobei die Antworten wiederum in die Datei gestellt werden. Nun muß das Expertensystem aus der Datei die Antworten lesen. Technisch ist dieser Weg durchaus machbar, für ein interaktives Arbeiten ist dieser Datenaustausch nicht effizient. Mit allen Schritten, die rechnerintern dafür notwendig sind, dauert der Zugriff auf die Datei zu lange, so daß kein akzeptierbares Antwortzeitverhalten erreicht werden kann.
Der Datenaustausch im Common Bereich erfolgt direkt im Hauptspeicher. Das Betriebssystem MVS/XA (Multiple Virtual Storage / Extended Architecture) ist ein virtuelles Betriebssystem (Programme verhalten sich so, als ob sie allein über eine gesamte Rechneranlage verfügen würden), dessen virtueller Speicher (der Addreßraum des Hauptspeichers kann mehrfach abgebildet werden) einen zusammenhängenden Bereich von Adressen und Datenfeldern zur Verfügung stellt. Um umfangreiche Programme und Multiprogramming, gleichzeitiges Ausführen von mehreren Programmen, möglich zu machen, müssen die Programme so zerlegt werden, daß nur eine bestimmte Anzahl Instruktionen aus einem Programm in den Hauptspeicher zur Ausführung geholt wird. Die Programme werden physisch zerlegt, für den Benutzer sind sie aber immer noch eine logische Einheit. Die Programmteile stehen in Speicherblöcken (Frame) im Hauptspeicher, die über Adressen

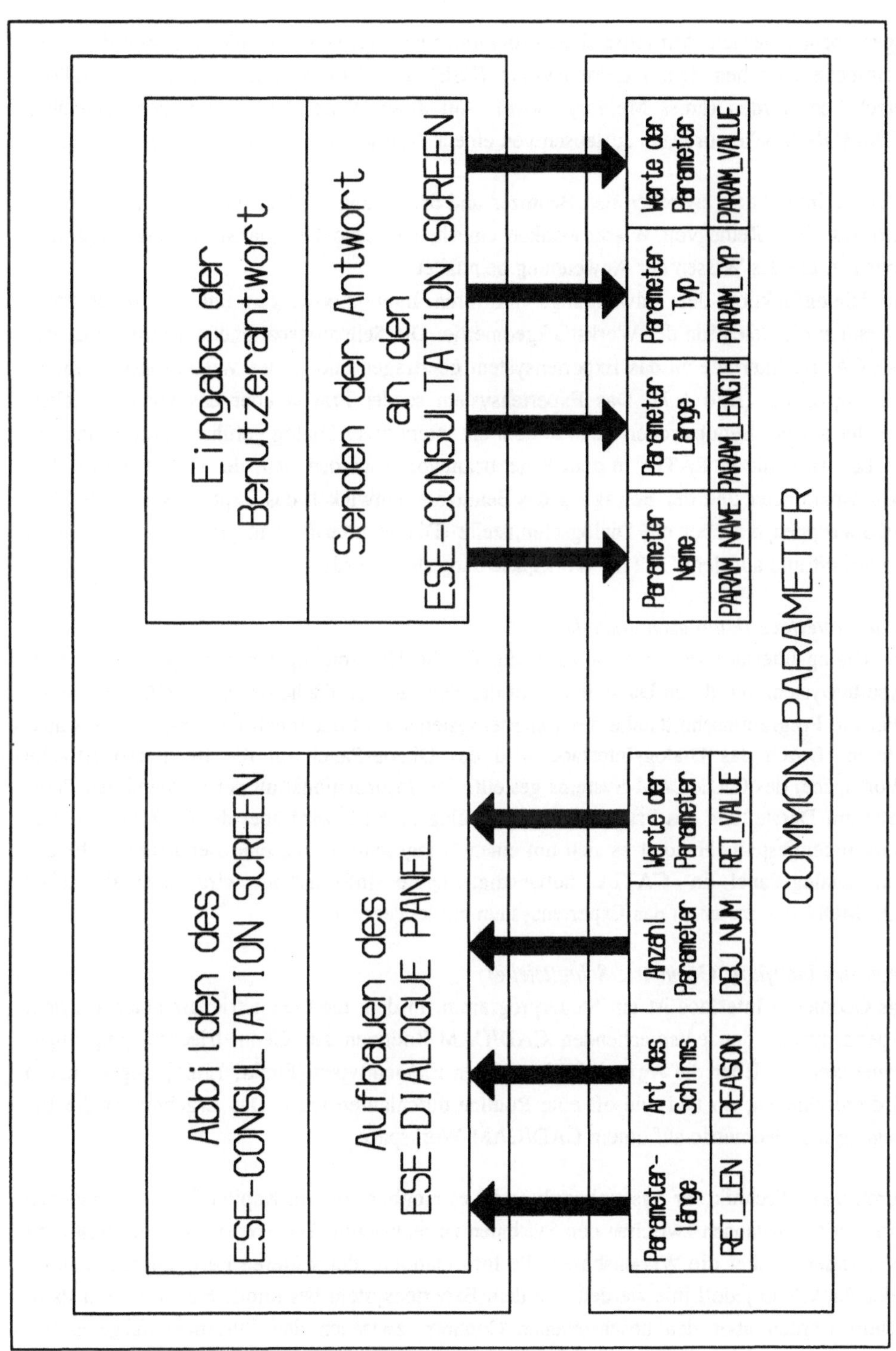

Bild 4.8: **Aufgaben des Dialoginterfaces**

angesprochen werden. Mit Hilfe eines Programms wird erreicht, daß die Adressen der Speicherblöcke zwischen dem Expertensystem (ESE) und dem Anwendungssystem (CATIA) verschoben werden (cross Memory move). Auf diese Weise wird es möglich, daß über COMMON-Blöcke ein Datenaustausch von einem Programm in das andere erfolgen kann.

Über die Interaktion zwischen den Benutzer und der Dialogfunktion im CAD/CAM-System wird aus einer Reihe von Wissensbanken eine herausgesucht (initialisiert) und aufgerufen (consult), die das Wissen der Anwendung beinhaltet.
Die Dialogfunktion der Anwendung, mit ihren Interaktionsfolgen und Dialogschritten, unterstützt die Selektion der Werkstückgeometrie. Die Selektionsparameter werden über das ESE CATIA Interface an das Expertensystem übertragen und in der Wissensbasis Parametern zugeordnet (Bild 4.7). Das Expertensystem sendet Fragen über das Dialog-PANEL (Fenster auf der Benutzeroberfläche in dem ein interaktiver Dialog geführt werden kann) an den Benutzer, die in CATIA in dem Panel beantwortet werden. Auf der Grundlage der Selektionsparameter und der Befragung des Benutzers, entwickelt das Expertensystem Funktionsbaugruppen die über die Dialogschnittstelle (Dialog Interface) in grafische Information konvertiert und auf dem CATIA-Workspace dargestellt werden.

Dialog-Interface (Dialogschnittstelle)
Das Dialog-Interface *(Bild 4.8)* ist zuständig für die Übertragung der Dialogdaten aus dem Expertensystem und deren Darstellung auf der Benutzeroberfläche des CAD/CAM Systems. Über die Programmschnittstelle des Expertensystems wird der Inhalt des Frageschirms ausgelesen. Durch das Dialog-Interface wird das Dialog-Panel auf die Benutzeroberfläche (Workspace) des CAD/CAM-Systems gestellt. Der Informationsfluß der notwendigen Parameter zur Darstellung des Frageschirms im Dialog-PANEL wird über die COMMON-Parameter bereitgestellt. Handelt es sich um einen "Frageschirm", ist eine Benutzereingabe auf dem Dialog-Panel in CATIA notwendig. Diese Information wird ebenfalls über COMMON-Parameter an das Expertensystem zurückgegeben.

Geometry Interface (Geometrie-Schnittstelle)
Das Geometrie-Interface ist ein Steuerprogramm, in dem die Geometrieparameter aus dem Expertensystem den entsprechenden CAD/CAM-Routinen zur Geometrieerzeugung zugeordnet werden. Über die Anzahl der benötigten Elementtypen (Punkt, Linie, Bogen, usw.) wird entschieden, ob und wie oft eine Routine durchlaufen wird. Das Ergebnis ist die Erzeugung der Geometrie auf einem CAD/CAM-Workspace.

Durch diese Technik der Systemkopplung ist es möglich, den in Kapitel 2.3 beschriebenen Informationsaustausch zwischen den Systemen zu realisieren. Das Expertensystem bestimmt unter anderem über die Wissensbasen alle Informationen der späteren Fertigungszeichnung. Jeder Punkt und jede Linie werden von dem Expertensystem bestimmt. Hunderte von Parametern werden über den beschriebenen Common zwischen den Systemen ausgetauscht. Durch die Nutzung der CAD/CAM Oberfläche zur Darstellung der Dialoginformationen des Expertensystems, bleibt für den Anwender das Expertensystem im Hintergrund. Über die Benutzeroberfläche des CAD/CAM-Systems ist nicht zu erkennen, daß eine Expertensystemanwendung den Konstrukteur bei seiner Arbeit unterstützt. Die Anwendung des Expertensystems aus dem CAD/CAM-System heraus, hat ein Verhalten wie ein in einer herkömmlichen Programmiersprache (zB. Fortran) geschriebenes Variantenprogramm. Gegenüber der Variantenprogrammierung ist der Expertensystemeinsatz bezogen auf die Leistung aber intelligenter.

4.4. Benutzeroberfläche

Bei der Systemkopplung von DV-Systemen muß die Entscheidung fallen, welche Benutzeroberfläche genutzt werden soll. Bei der Kopplung von einem grafischen mit einem alphanumerischen System unter Nutzung der Funktionalität beider Systeme ist klar, daß hier nur die Benutzeroberfläche des grafischen Systems zum Einsatz kommen kann. Der Anwender soll weitestgehend in seiner gewohnten CAD/CAM-Umgebung arbeiten, die durch neue Unterfunktionen für die Expertensystemunterstützung erweitert wird. Die meisten grafischen Systeme bieten Möglichkeiten, alphanumerische Informationen darzustellen. Im Fall der Konsultation von Expertenwissen in einer CAD/CAM-Anwendung dient das Expertensystem als Informationsquelle.
Die Hauptaufgabe bei der Arbeit mit CAD/CAM-Systemen ist das Erstellen technischer Unterlagen. Mit anderen Worten, dominierend ist die Arbeit mit dem CAD/CAM-System. Unter diesem Gesichtspunkt muß die Gestaltung der Benutzeroberfläche ausgeführt werden. Die Akzeptanz der Anwendung steigt in dem Maße, wie der Anwender mit ihr umgehen, seine Probleme lösen und seine Vorgehensweise optimieren kann.
Die Benutzeroberfläche einer Anwendung, die auf der Grundlage zweier DV-Systemen läuft, ist von der Oberfläche in zwei Bereiche einteilbar. Zum einen wird die Dialogfunktion im CAD-System aufgerufen und Selektionen zur Informationsbeschaffung durchgeführt. Zum anderen muß der Dialog zwischen dem Anwender und dem Expertensystem realisiert werden.

4.4.1. Aufruf der Expertensystemanwendung im CAD/CAM-System

Der Benutzer der Dialogfunktion soll nicht erkennen, daß es sich um eine Eigenentwicklung der Benutzeroberfläche handelt. Die Syntax bei Abfragen, Hilfsinformationen und die Angaben bei Geometrieselektionen sollen identisch den Orginalfunktionen des CAD/CAM-Systems sein. In den meisten CAD/CAM-Systemen wird jeglicher Dialog zwischen System und Anwender in englischer Sprache geführt. Ob dies bei selbstentwickelten Unterfunktionen ebenso sein muß, kann in Frage gestellt werden. Sicher kommt eine einheitliche Syntax der Oberflächenergonomie zugute. Bei Expertensystemanwendungen, die jedem Benutzer zugänglich sein sollen, ist es aber wichtig, daß das Wissen in verständlicher Form angeboten wird. Auch heute ist noch nicht jeder Mitarbeiter in der Lage, fließend Englisch zu lesen. Es wird damit deutlich, daß eine Zweiteilung der Sprachregelung getroffen werden muß. Die Syntax in der CAD/CAM-Unterfunktion wird in englischer Sprache angeboten, um eine durchgehende Sprachregelung auf der CAD/CAM-Seite zu erzielen. Der Dialog mit dem Expertensystem wird in deutscher Sprache realisiert.

Wie im Kapitel 4.1.1.zu der Programmschnittstelle angesprochen wurde, gibt es Möglichkeiten, Hilfsinformationen zu aktiven Unterfunktionen, ihren Interaktionsfolgen und Dialogschritten abzurufen *(Bild 4.9)*. Die Möglichkeit, dem Benutzer Hilfsinformationen anbieten zu können, muß im vollen Umfang ausgeschöpft werden. Auf diese Weise wird die Akzeptanz der Anwendung bei den Benutzern gesteigert.

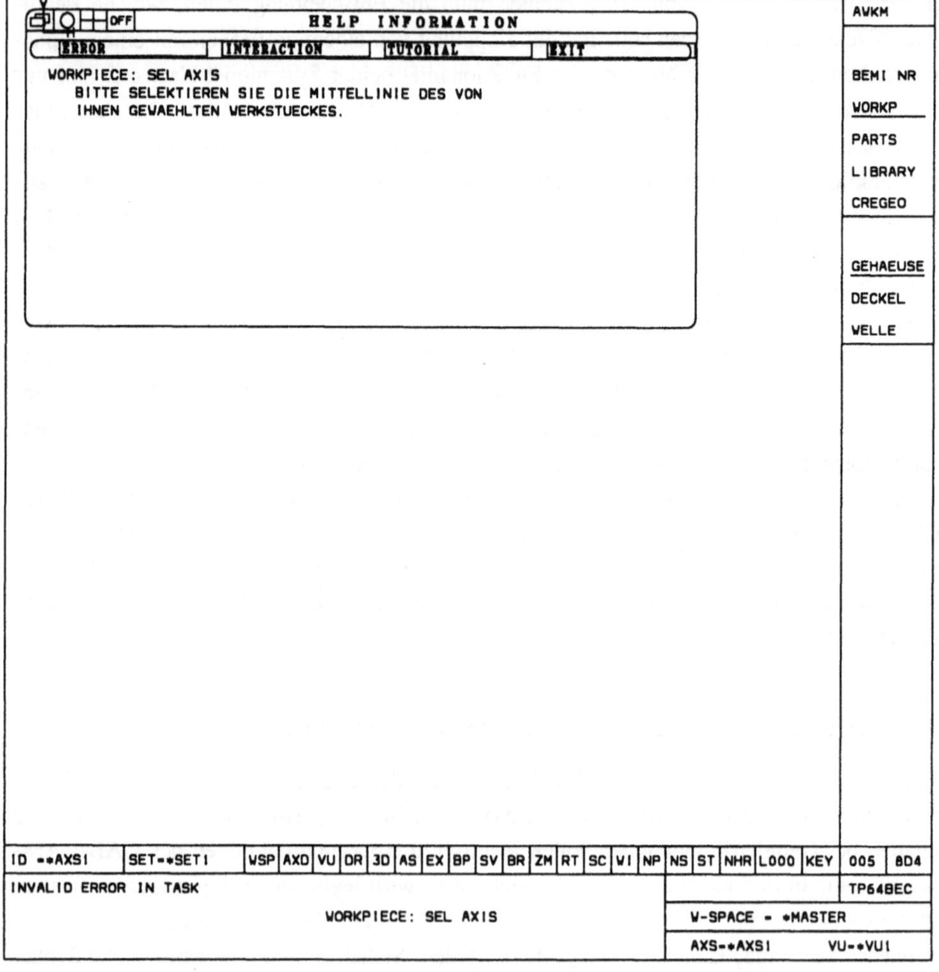

Bild 4.9: Hilfsinformation zur aktiven Interaktionsfolge

4.4.2. Dialogoberfläche zwischen Anwender und Expertensystem

Das CAD/CAM-System hat in der Anwendung die dominierende Rolle. Aus diesem Grund muß die Benutzeroberfläche des Expertensystem im CAD/CAM-System neu definiert werden. Hier ergibt sich in Bezug auf die Oberfläche ein wesentlicher Vorteil. Der CAD/CAM-Anwender kennt im allgemeinen die Benutzeroberfläche des Expertensystems nicht. Die Wissensbasen werden von Wissensingenieuren oder von speziell ausgebildeten Experten entwickelt, die aus dem Fachgebiet kommen, das auch die Anwendung zum Inhalt hat. Das hat zur Folge, daß die Expertensystemoberfläche in dem CAD/CAM-System nicht das Aussehen der Expertensystemoberfläche im Betrieb mit einem alphanumerischen Bildschirm haben muß.

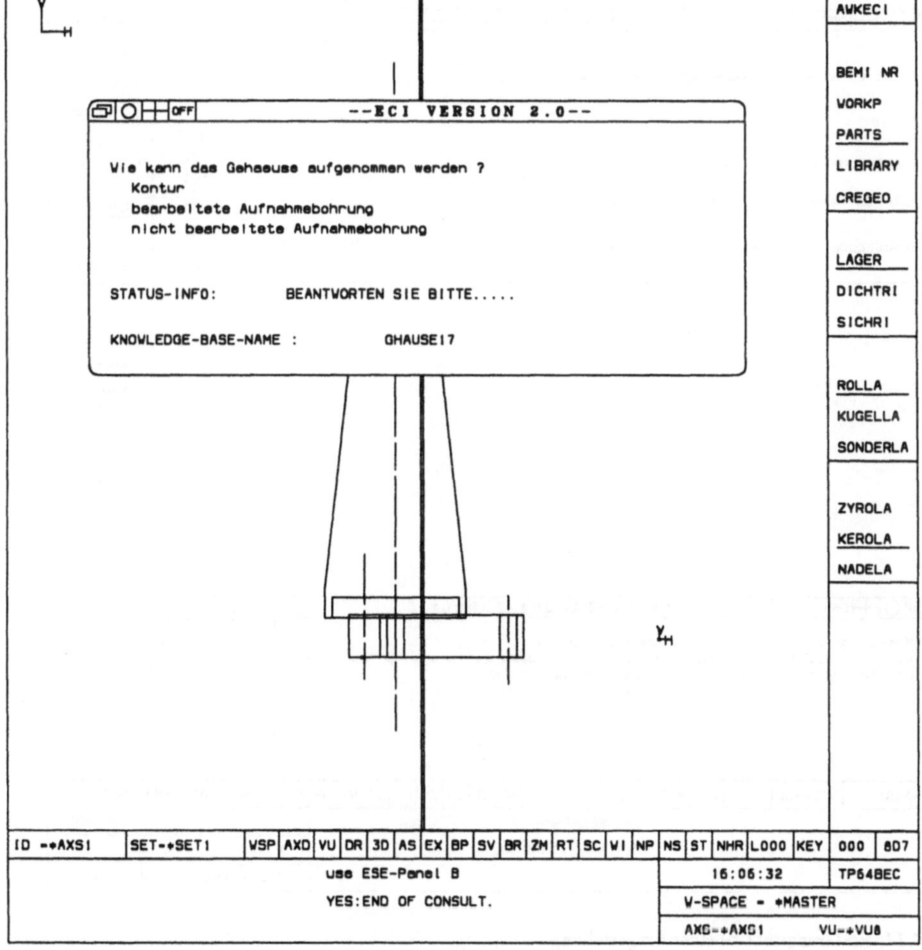

Bild 4.10: Expertensystemdialog auf der CAD/CAM Benutzeroberfläche

Wie im Kapitel 4.2. angesprochen, soll das Expertensystem die Fähigkeit haben, Schlußfolgerungen zu erklären. Diese Möglichkeit muß natürlich auch die Benutzeroberfläche zulassen. Der Dialog mit dem Expertensystem erfolgt über das Dialogpanel. Nach dem Initialisieren der Wissensbasis erscheint das erste Dialogpanel auf der CAD/CAM Benutzeroberfläche.

Den Fragen sind im Expertensystem Antworten zugeordnet, die vom Benutzer selektiert werden müssen *(Bild 4.10)*. Wird dem Benutzer die Fragestellung nicht klar, ist es möglich, eine ausführliche Erklärung über die Frage anzufordern *(Bild 4.11)*. Diese längere Erklärung ist im Expertensystem unter dem Objekt "Parameter" und der Property "Long Prompt" definiert. Abgerufen wird der Erklärungstext durch Selektion des Textstrings "Long Prompt" im Dialogfenster.

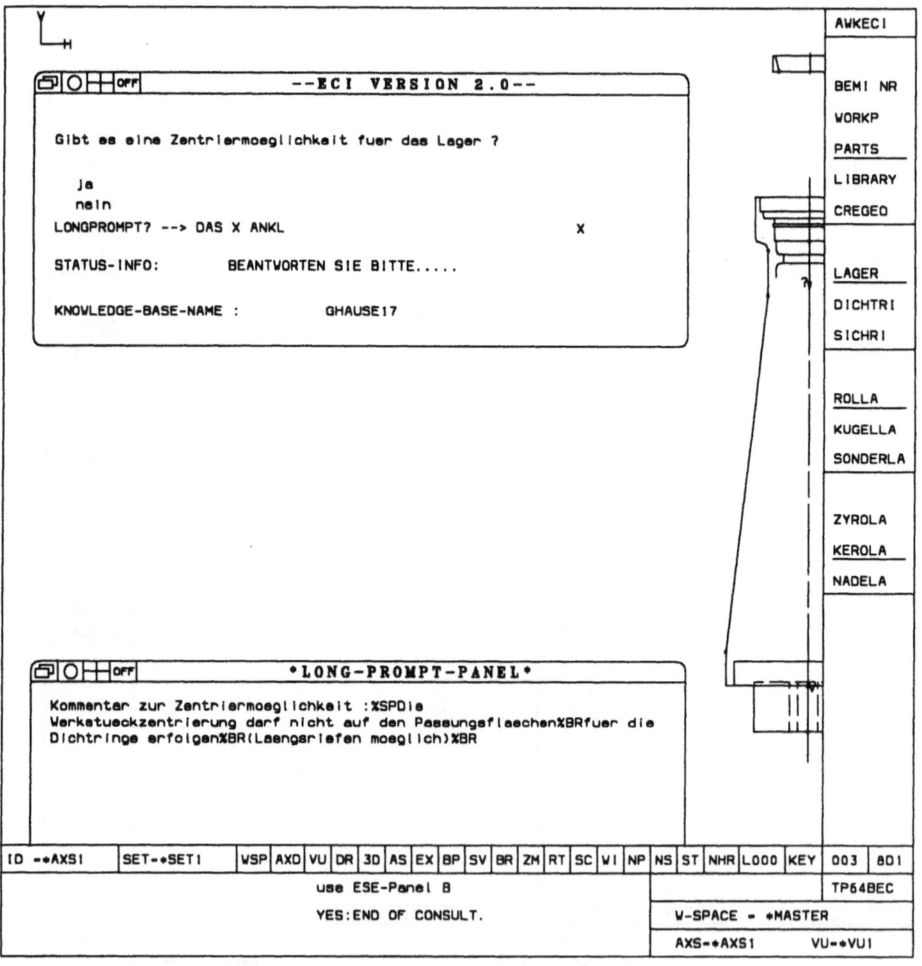

Bild 4.11: Erklärungstext zu einer Fragestellung

Der Benutzer hat somit alle Möglichkeiten der im Kapitel 4.2. erläuterten Warum-, Wie- und Was-Erklärung zur Verfügung.

5. Datenorganisation der Geometrieschnittstelle

Die Zielrichtung der Systemkopplung ist die wissensbasierte Konstruktion. Voraussetzung für die Wissensrepräsentation der Geometrie ist die Abstraktion und Komprimierung der Informationen. Teilfunktionen sollen durch Wissen und Erfahrungen zu Gesamtfunktionen zusammengeführt werden. In diesem Zusammenhang ist unter der Gesamtfunktion die Baugruppe zu sehen. Teilfunktionen sind Einzelteile der Baugruppe und Elementarfunktionen sind Funktionsbereiche der Einzelteile wie z.B Zylinder, Fasen und Freistiche. Die Elementarfunktionen setzen sich aus geometrischen Grundelementen (Punkt,Linie,Kreis u.s.w) zusammmen.

Die Funktionsstruktur der Baugruppe wird im Expertensystem über Regeln und Kontrollblöcke (FCB) abgebildet. Das Expertensystem selber kann keine Geometrieelemente erzeugen. Es gibt nur die Möglichkeit, Werte vom Typ Zahl (NUMBER), boolesche Funktionen (BOOLEAN) oder Zeichenketten (STRING) auszugeben. Aus diesem Grund müssen die Geometrieelemente mit den vorher genannten Formaten im Expertensystem beschrieben werden, um später durch Programme dargestellt zu werden, die im CAD/CAM-System abgearbeitet werden. Das Übergabeformat zwischen dem Experten- und dem CAD/CAM-System muß alle Attribute enthalten, die ein geometrisches Grundelement beschreiben *(Bild 5.1)*.

Die Beschreibung der Geometrie erfolgt außerhalb des CAD/CAM-Systems im Expertensystem. Die Konstruktionselemente werden durch geometrische Grundelement (Punkte, Linien, usw.) beschrieben, die zueinander in Form des Polarkoordinatensystems in Beziehung stehen. Zu jedem geometrischen Grundelement, das im Expertensystem beschrieben ist, existiert ein entsprechendes Programm (Makro) zur Erzeugung des Geometrieelementes in dem CAD/CAM-System. Wird in dem Expertensystem ein konkretes Element bearbeitet, erhält das CAD/CAM-System über das Interface (Geometrieschnittstelle) die geometrische Beschreibung in Form von Parametern, die über das entsprechende Programm auf der CAD/CAM-Seite in ein Geometrieelement umgesetzt werden. Die Beschreibung der Geometrie im Expertensystem ist abhängig von dem verwendeten CAD/CAM-System, denn die Daten werden so im Expertensystem über Regeln und Parameter abgelegt, daß die Parameter der Programmschnittstelle (CATIA-Unterprozeduren) auf der CAD/CAM-Seite mit den Parametern der Programmschnittstelle (API-Unterprozeduren) auf der Expertensystemseite kommunizieren.

Um eine Funktionsbaugruppe zu beschreiben, wird jedes Einzelteil der Baugruppe separat abgearbeitet und in einem seperaten DETAIL-Workspace (Arbeitsbereich) (vergl. Kapitel 3.1.2.1.1) gestellt. Nach der Erzeugung aller Einzelteile wird der DETAIL-Workspace für die Baugruppe eingerichtet, in der sämtliche Einzelteildetails zur Beschreibung der Zusammenbausituation zusammengefügt werden.

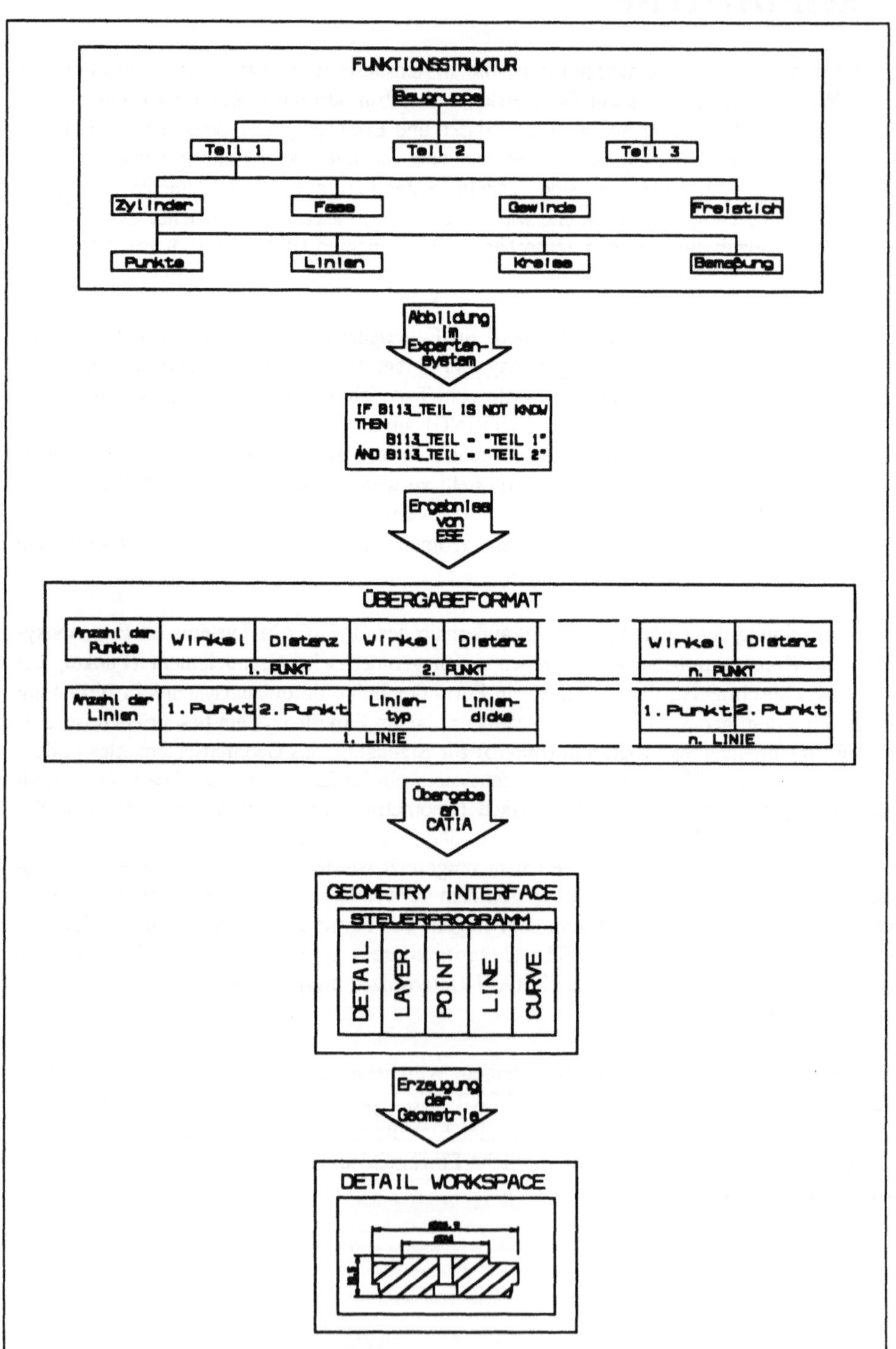

Bild 5.1: Übergabeformat von ESE nach CATIA

5.1. Definition der Geometrieparameter im Expertensystem

Für jeden Elementtyp (Punkt, Linie usw.) gibt es in dem Expertensystem drei Regeltypen *(Tabelle 5.1)*. In der ersten Regel wird die Anzahl des jeweiligen Geometrieelementes, das in einer Ansicht zur Anwendung kommt, hochgezählt. In der zweiten Regel werden die Parameter bestimmt, mit denen die Geometrieelemente im CAD/CAM-System dargestellt werden können, und in der dritten Regel werden die Parameter der Geometrieelemente für die jeweilige Ansicht an einen Ausgabebildschirm übergeben. Es sind Ausgabeschirme für jeden Elementtyp definiert, die für jede beschriebene Ansicht des Einzelteils separat abgearbeitet werden.

Tabelle 5.1: Grundregeln zur Definition von Geometrieelementen im Expertensystem.

Regel	Regelbezeichnung*	Aufgabe
1	R_XXX_ANZ	In der Regel wird über einen Parameter hochgezählt, wie oft der jeweilige Elemententyp zur Anwendung kommt.
2	R_XXX_YYY_Z	Ermittlung der notwendigen Parameter zur Darstellung der Geometrieelemente im CAD/CAM-System für die jeweilige Ansicht. Die Bezeichnung "YYY" steht für die Einzelteilnummer und das "Z" für die zu bearbeitende Ansicht *(Bild 5.3)*.
3	R_XXX_AUS	Aufruf des Ausgabeschirmes, in dem die Ausgabe der ermittelten Bemaßungsparameter durchgeführt wird

Jede Ansicht eines Einzelteils wird als Detail im CAD/CAM-System definiert. Wie im Kapitel 3.1.2. erläutert wurde, wird jedes Detail durch den Namen identifiziert. Das bedeutet für die Details der Ansichten, daß jeweils seperate Namen vergeben werden müssen. Die Aufgabe der Detailbenamung hat eine Regel die über den Parameter ALG_ANS_BEZ jeder Ansicht einen Namen zuordnet.

5.1.1. Punkt, Linie und Bogen

Alle 2D-Darstellungen sind durch die drei Elemente Punkt, Linie und Bogen beschreibbar. Stehen für diese Elemente Regeln in der Wissensbasis zur Verfügung kann durch die Vorwärtsverkettung in dem Focus Control Block die Zusammenstellung der Einzelteilansichten durchgeführt werden *(Bild 5.5)*.
Eine Linie hat einen Anfangs- und Endpunkt, und ein Bogen wird durch die Lage von drei Punkten exakt definiert. Die Punkte spielen also bei der Beschreibung der Geometrie eine wichtige Rolle. Für die Beschreibung der drei Elementtypen im Expertensystem gibt es fünf Regeln *(Tabelle 5.2)* vom Regeltyp zwei *(vergl. Tabelle 5.1)*. In den Regeln werden den Parametern, die für die Elemente stehen, Werte zugewiesen.

* Die Bezeichnung XXX steht für die möglichen Geometrieelemente (Punkt, Linie, Bogen, Schraffur, Bemaßung und Text) die in den Regeln bearbeitet werden können.

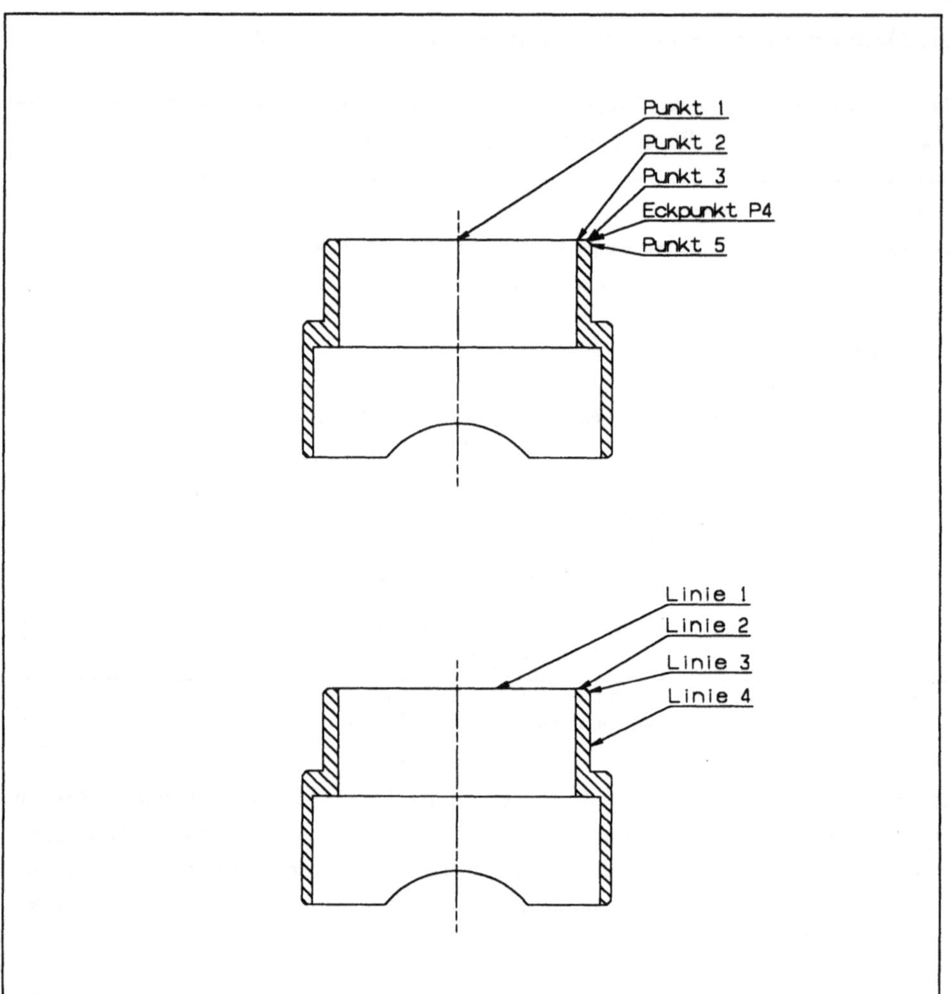

Bild 5.2: Beschreibung der Geometrie über Punkte und Linien

Jedem Punkt, jeder Linie und jedem Bogen wird eine fortlaufende Nummer bei der Regeldefinition zugewiesen *(Bild 5.2)*. Diese Nummern sind die Elementadressen, unter denen die Geometrieelemente angesprochen werden können.
Für die Geometrieelemente existieren drei Parameter, GEO_PUNKT *(Tabelle 5.3)*, GEO_LINIE *(Tabelle 5.4)* und GEO_BOGEN *(Tabelle 5.5)*. Im Expertensystem sind die Parameter als Typ "NUMBER; ORDERED" (Datenfelder) definiert (vergl. Kap. 4.2.1.1). Jeder Parameter steht für ein eindimensionales Datenfeld, dem eine Reihe von Werten zugeordnet werden kann.

Tabelle 5.2: Regeln zur Definition von Punkten, Linien und Bögen

Regel	Wertzuweisung in Parameter	Aufgabe der Regel
1	GEO_PUNKT	Erzeugen des relativen Nullpunktes. Auf diesen Punkt nehmen alle anderen Elemente Bezug.
2	GEO_PUNKT	Erzeugen eines Punktes in Bezug zum zuletzt erzeugten Punkt. Die Dateneingabe erfolgt in Polarkoordinaten.
3	GEO_LINIE	Definition eines Punktes in Bezug zum zuletzt erzeugten Punkt und Verbindung der beiden Punkte durch eine Linie
4	GEO_LINIE	Definition von Verbindungslinien. Eine Linie wird zwischen zwei vorher definierten Punkten erzeugt.
5	GEO_BOGEN	Definition eines Bogens über zwei vorher definierte Punkte und eine Radiusangabe

Ein Punkt wird im Polarkoordinatensystem durch einen Winkel und einen Radius um den Abstand des relativen Nullpunktes beschrieben. Der Parameter GEO_PUNKT muß die Winkel und Radien sämtlicher Punkte, die die Kontur des Einzelteils beschreiben, aufnehmen *(Bild 5.4)*.

Tabelle 5.3: Datenstruktur des Parameters GEO_PUNKT

Feldelement des Parameters GEO_PUNKT	Inhalt des Feldelementes	Definiertes Geometrieelement
1.Feldelement 2.Feldelement	Winkel Abstand	Punkt 1
3.Feldelement 4.Feldelement	Winkel Abstand	Punkt 2
. .	. .	. .
n.Feldelement n.Feldelement	Winkel Abstand	Punkt n

Eine Linie wird durch einen Anfangs- und einen Endpunkt beschrieben. Um eine Linie in einem CAD/CAM-System zu erzeugen, müssen weitere Merkmale der Linie festgelegt werden. Die Linie hat eine Liniendicke, ist von einem bestimmten Linientyp (Solid, Dot-Dash usw.), und liegt auf einem festgelegten Layer. Zur Beschreibung einer Linie werden dem Parameter GEO_LINIE fünf Feldelemente zugeordnet, die die Merkmale der Linie beinhalten.

Tabelle 5.4: Datenstruktur des Parameters GEO_LINIE

Feldnummer des Parameters GEO_LINIE	Inhalt des Feldelementes	Definiertes Geometrieelement
1.Feldelement	Layer	Linie 1
2.Feldelement	Punkt 1	
3.Feldelement	Punkt 2	
4.Feldelement	Linientyp	
5.Feldelement	Liniendicke	
6.Feldelement	Layer	Linie 2
7.Feldelement	Punkt 3	
8.Feldelement	Punkt 4	
9.Feldelement	Linientyp	
10.Feldelement	Liniendicke	
.	.	.
.	.	.
n.Feldelement	Layer	Linie n
n.Feldelement	Punkt n	
n.Feldelement	Punkt n	
n.Feldelement	Linientyp	
n.Feldelement	Liniendicke	

Der Bogen wird durch seinen Mittelpunkt und zwei Punkte auf seinem Umfang definiert. Ebenso wie bei der Linie müssen die Dicke, der Typ und der Layer festgelegt werden. Der Parameter GEO_BOGEN muß sechs Feldelemente zur Beschreibung eines Bogens aufnehmen *(Tabelle 5.5)*.

Zusätzlich zu den Parametern der Geometrieelemente, gibt es Parameter, die zählen, wie oft ein Geometrieelement erzeugt werden muß und zu welchem Einzelteil und welcher Ansicht es gehört. Die Anzahl der Geometrieelemente wird von den Parametern

GEO_ANZ_PUNKT, GEO_ANZ_LINIE und GEO_ANZ_BOGEN

gezählt. Die Bezeichnung des Einzelteils und der Ansicht wird im Parameter

ALG_ANS_BEZ

abgelegt. Diese sieben Parameter werden im ESE Ausgabeschirm S_GEO_AUS angezeigt. Das ESE-CATIA-Interface liest über das Geometrieinterface die Daten aus dem Ausgabeschirm und überträgt sie an das CAD/CAM-System. Das Geometrieinterface verfügt über Programme, die aus den Feldelementen der Geometrie-Parameter Geometrieelemente im CAD/CAM-System erzeugen.

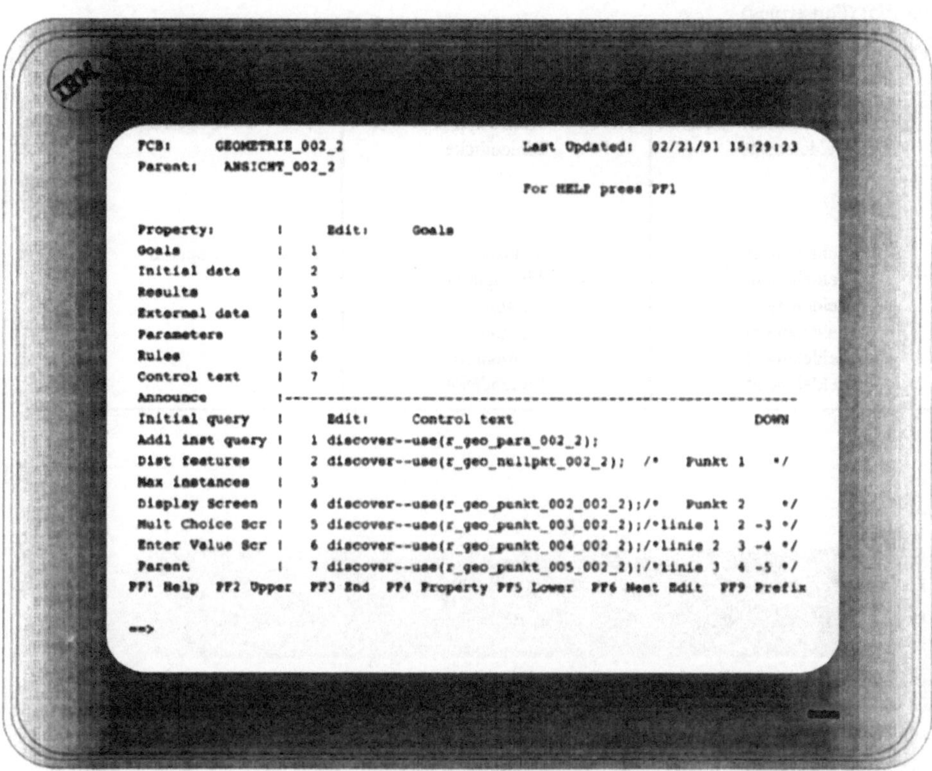

Bild 5.3: ESE-Bildschirm - FCB mit dem Aufruf der Regeln für die Linienerzeugung

Tabelle 5.5: Datenstruktur des Parameters GEO_BOGEN

Feldnummer des Parameters GEO_BOGEN	Inhalt des Feldelementes	Definiertes Geometrieelement
1.Feldelement	Layer	Bogen 1
2.Feldelement	Mittelpunkt	
3.Feldelement	Punkt 1	
4.Feldelement	Punkt 2	
5.Feldelement	Linientyp	
6.Feldelement	Liniendicke	
7.Feldelement	Layer	Bogen 2
8.Feldelement	Mittelpunkt	
9.Feldelement	Punkt 1	
10.Feldelement	Punkt 2	

Tabelle 5.5: (Fortsetzung)

Feldnummer des Parameters GEO_BOGEN	Inhalt des Feldelementes	Definiertes Geometrieelement
11.Feldelement	Linientyp	Bogen 2
12.Feldelement	Liniendicke	
.	.	.
.	.	.
n.Feldelement	Layer	Bogen n
n.Feldelement	Mittelpunkt	
n.Feldelement	Punkt 1	
n.Feldelement	Punkt 2	
n.Feldelement	Linientyp	
n.Feldelement	Liniendicke	

Bild 5.4: ESE-Bildschirm - Zuordnung von Daten an den Parameter GEO_PUNKT

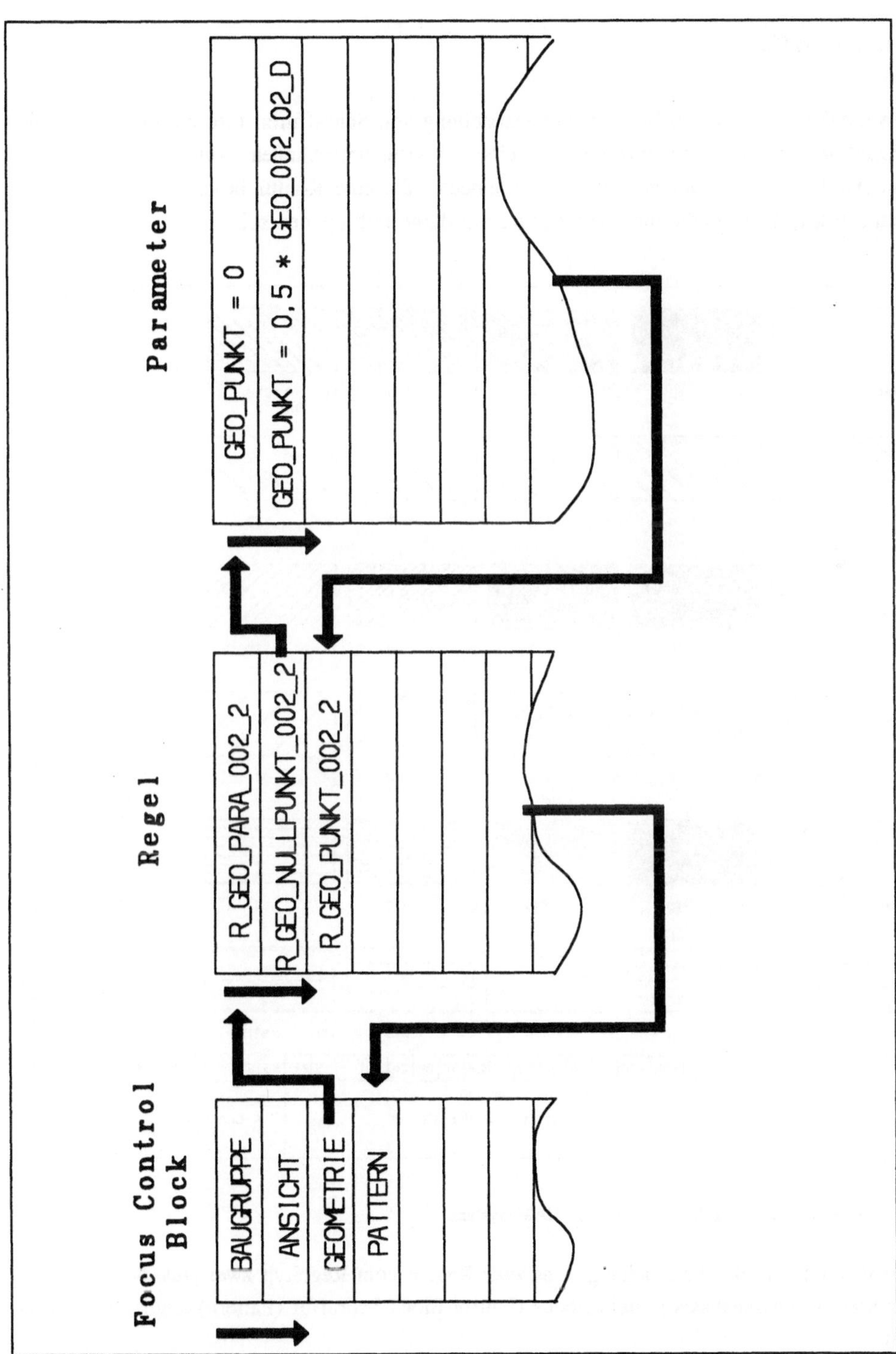

Bild 5.5: **Ablauf der Datenverarbeitung bei der Vorwärtsverkettung**

5.1.2. Schraffur

Das CAD/CAM -System benötigt zur Darstellung von Schraffuren Informationen über die Anzahl der Konturen pro Einzelteil, die eine Schraffur umschließen. Außerdem die Anzahl und Art (Linie oder Bogen) der Konturelemente, die eine Kontur beschreiben, sowie die Schraffurart, *(Bild 5.6)* die innerhalb der Kontur dargestellt werden soll.

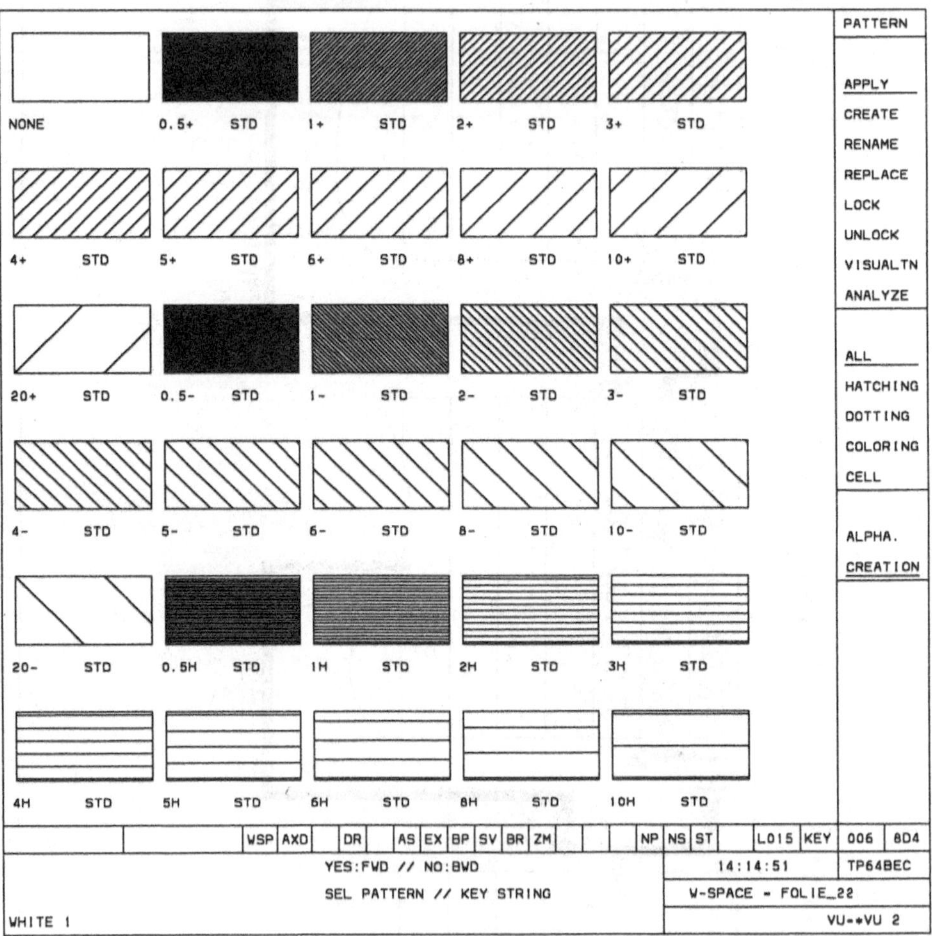

Bild 5.6: Mögliche Schraffurarten im CAD/CAM-System

Zur Bestimmung der Parameter gibt es zwei Regeln vom Regeltyp zwei *(Tabelle 5.6)*, die in der Standardwissensbasis in dem Focus Control Block Schraffur (Pattern) abgearbeitet werden.

Tabelle 5.6: Regeln zur Definition der Schraffur

Regel	Wertzuweisung in den Parameter	Aufgabe der Regel
1	PAT_ANZ_KON PAT_ANZ_ELE_KON	Festlegen der Schraffurart für die zu bearbeitende Ansicht und Angabe der Anzahl von zu schraffierenden Konturen
2	PAT_SCH_KON PAT_ELE_KON	Bekanntgabe der die Kontur umschließenden Elemente

Bei der Beschreibung der Kontur in den Regeln *(Bild 5.7)* ist es wichtig, daß der Konturzug geschlossen ist und kein Konturelement mehrfach erzeugt wurde. Dies hätte zur Folge, daß die Elementadressen der Konturelemente nicht in der richtigen Reihenfolge vorliegen. Um wieviele Konturen es sich handelt und welche Schraffur benutzt werden soll, wird in der ersten Regel *(vergl. Tabelle 5.6)* festgelegt. Diese Regel wird nur einmal am Anfang der Schraffurerzeugung für eine Einzelteilansicht bearbeitet, da in einer Ansicht nur eine Schraffurart zur Anwendung kommt.

Tabelle 5.7: Aufgaben der Parameter zur Definition der Schraffur

Parameter	Aufgaben der Parameter
PAT_ANZ_KON	Der Parameter ist vom Typ Number Ordered (Datenfeld) und nimmt zwei Parameterwerte auf 1. die Anzahl der Konturen, die in dem Einzelteil schraffiert werden sollen 2. eine Nummer, die die Schraffurart festlegt
PAT_SCH_KON	Mit dem Parameter wird die Art des Konturelementes bestimmt. 0 = Linie 1 = Bogen
PAT_ELE_KON	Es werden die Elementadressen der Schraffur begrenzenden Kontur festgelegt.
PAT_ANZ_ELE_KON	Der Parameter enthält die Anzahl der Konturelemente.

Mit einem weiteren Regeltyp wird wie schon angedeutet der Schalter gesetzt, der unterscheidet, ob es sich um einen Bogen oder eine Linie handelt *(Bild 5.8, Tabelle 5.7)*. Der Parameter ist vom Typ NUMBER; ORDERED (vergl. Kap. 4.2.1.1) ebenso der Parameter, in dem die Elementadresse abgelegt wird. In der Abhandlung zu den Geometrieelementen Linie und Bogen wurde beschrieben, daß die Elementadresse benutzt wird, um ein Element gezielt anzusprechen. Sie wird bei der Schraffurerzeugung genutzt, um die Konturelemente zu identifizieren *(Tabelle 5.8)*.

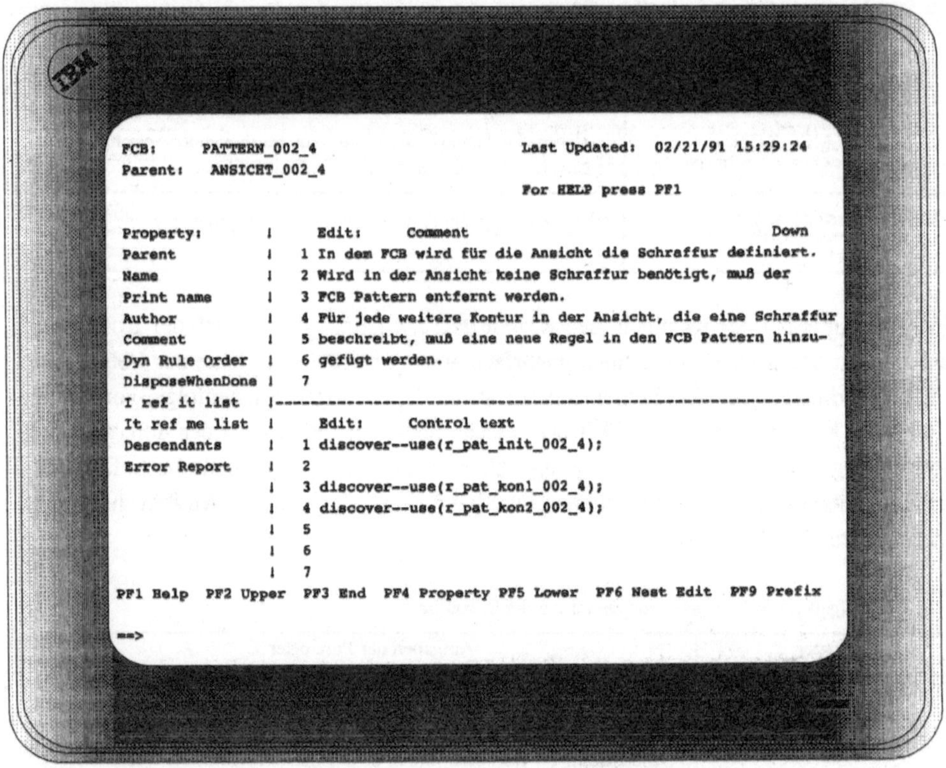

```
FCB:      PATTERN_002_4                      Last Updated:  02/21/91 15:29:24
Parent:   ANSICHT_002_4
                                             For HELP press PF1

Property:        |   Edit:     Comment                                  Down
Parent           |  1 In dem FCB wird für die Ansicht die Schraffur definiert.
Name             |  2 Wird in der Ansicht keine Schraffur benötigt, muß der
Print name       |  3 FCB Pattern entfernt werden.
Author           |  4 Für jede weitere Kontur in der Ansicht, die eine Schraffur
Comment          |  5 beschreibt, muß eine neue Regel in den FCB Pattern hinzu-
Dyn Rule Order   |  6 gefügt werden.
DisposeWhenDone  |  7
I ref it list    |--------------------------------------------------------------
It ref me list   |   Edit:     Control text
Descendants      |  1 discover--use(r_pat_init_002_4);
Error Report     |  2
                 |  3 discover--use(r_pat_kon1_002_4);
                 |  4 discover--use(r_pat_kon2_002_4);
                 |  5
                 |  6
                 |  7
PF1 Help  PF2 Upper  PF3 End  PF4 Property PF5 Lower  PF6 Nest Edit  PF9 Prefix

==>
```

Bild 5.7: ESE-Bildschirm - FCB mit dem Aufruf der Regeln für die Schraffur

Tabelle 5.8: Beispiel für die Belegung der Datenfelder in den Parametern durch die Regel

Feldelement des Parameters	Parameter	Definiertes Geometrieelement
1.Feldelement	Art des Konturelementes 1	Konturelement 1
1.Feldelement	Elementadresse	Konturelement 1
2.Feldelement	Art des Konturelementes 2	Konturelement 2
2.Feldelement	Elementadresse	Konturelement 2

Die Regel "2" wird so oft angelegt, wie Konturelemente vorhanden sind. Die Parameter zur Schraffurerstellung werden im Ausgabeschirm "S_PAT_AUS" angezeigt.

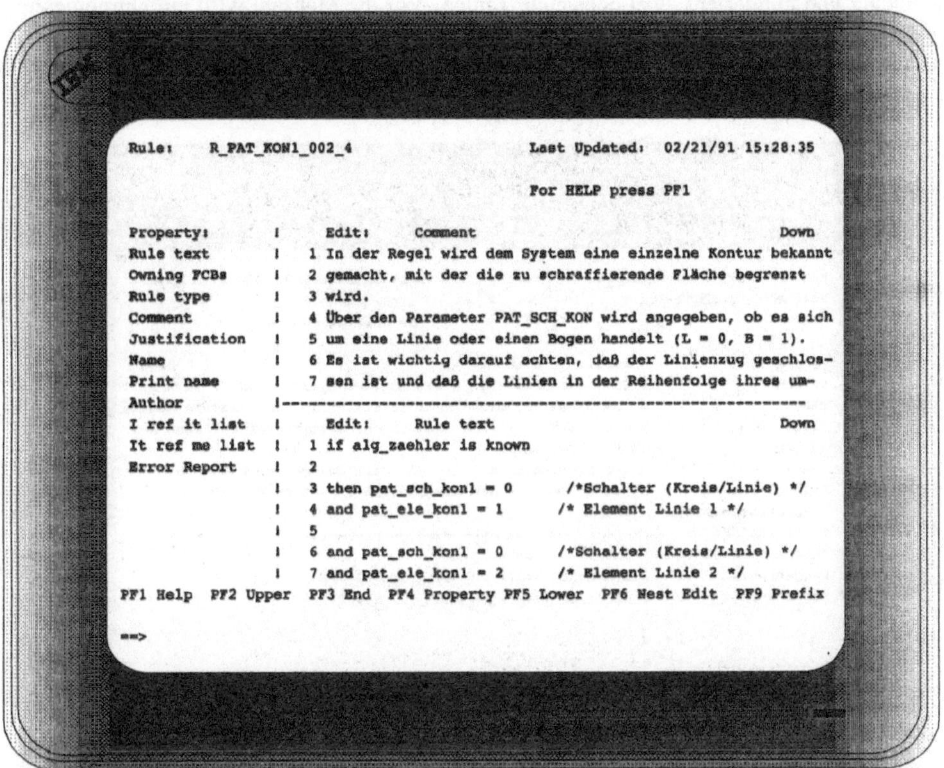

Bild 5.8: ESE-Bildschirm - Zuordnung der Daten an die Schraffurparameter

5.1.3. Bemaßung

Im Kapitel 3.1.2.2."Standardisierung der Systemumgebung" wurde bereits erklärt, daß bei der Beschreibung der Bemaßung für jede Bemaßungsart ein separates FCB zur Verfügung steht. Die Beschreibung aller Bemaßungsarten in einem FCB würde, aufgrund der Vielfalt von Regeln *(Bild 5.9)* und Parametern, zur Unübersichtlichkeit führen.

Um die Bemaßungen mit allen Möglichkeiten der Darstellung vom Expertensystem aus zu unterstützen, sind eine Fülle von Parametern zur Steuerung der Grafikprogramme (CATIA-Unterprozeduren) im CAD/CAM-System notwendig. Die Parameter mit ihren Aufgaben sind in *Tabelle 5.9* und *Bild 5.10* dargestellt.

Bemaßungsart 1
Längenbemaßung von Geometrieelementen
Diese Bemaßungsart ist besonders für das Element Linie geeignet.

Bemaßungsart 2
Durchmesser- und Radiusbemaßung

Bemaßung von mindestens zwei oder mehr Linien. Vor die Maßzahl wird ein Durchmesser- oder Radiuszeichen gesetzt. Diese Bemaßungsart wird bei drehsymmetrischen Teilen verwendet, wenn die Teile in der Seitenansicht dargestellt werden.

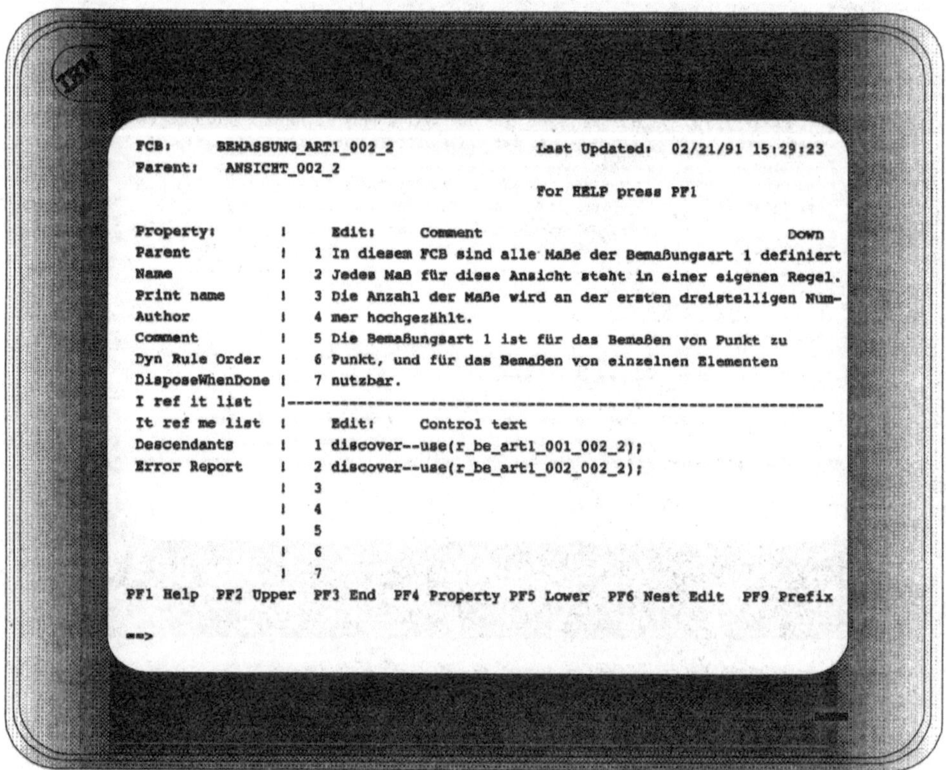

```
FCB:    BEMASSUNG_ART1_002_2                    Last Updated:  02/21/91 15:29:23
Parent:  ANSICHT_002_2
                                                For HELP press PF1

Property:        |     Edit:     Comment                                    Down
Parent           |   1 In diesem FCB sind alle Maße der Bemaßungsart 1 definiert
Name             |   2 Jedes Maß für diese Ansicht steht in einer eigenen Regel.
Print name       |   3 Die Anzahl der Maße wird an der ersten dreistelligen Num-
Author           |   4 mer hochgezählt.
Comment          |   5 Die Bemaßungsart 1 ist für das Bemaßen von Punkt zu
Dyn Rule Order   |   6 Punkt, und für das Bemaßen von einzelnen Elementen
DisposeWhenDone  |   7 nutzbar.
I ref it list    |------------------------------------------------------------
It ref me list   |     Edit:     Control text
Descendants      |   1 discover--use(r_be_art1_001_002_2);
Error Report     |   2 discover--use(r_be_art1_002_002_2);
                 |   3
                 |   4
                 |   5
                 |   6
                 |   7
PF1 Help  PF2 Upper  PF3 End  PF4 Property PF5 Lower  PF6 Nest Edit  PF9 Prefix

==>
```

Bild 5.9: ESE-Bildschirm - FCB mit dem Aufruf der Regeln für die Bemaßung

Bemaßungsart 3

Durchmesser- und Radiusbemaßung

Diese Bemaßungsart wird bei drehsymmetrischen Teilen verwendet, wenn sie in der Draufsicht dargestellt werden.

Tabelle 5.9: Aufgaben der Parameter zur Definition der Bemaßungsarten

Bemaßungsart						Parameterbezeichnung	Erklärung
1	2	3	4	5	6		
X						BE_ART_ELE	Elementadresse der zu bemaßenden Linie
	X		X			BE_ART_LINIE1	Elementadresse der ersten Linie
	X		X			BE_ART_LINIE2	Elementadresse der zweiten Linie
					X	BE_ART_POINT1	Elementadresse des ersten Punktes
					X	BE_ART_POINT2	Elementadresse des zweiten Punktes
		X		X		BE_ART_CIRCLE	Elementadresse des Kreises, der bemaßt werden soll
X	X	X	X		X	BE_ART_REFPKT	Elementadresse des Referenzpunktes, durch den die Maßlinie verläuft
X	X	X	X		X	BE_ART_PKTX	X-Abstand zum Referenzpunkt
X	X	X	X		X	BE_ART_PKTY	Y-Abstand zum Referenzpunkt
	X	X				BE_ART_IDIAM	Schalter für Durchmesser- oder Radiusbemaßung 0 = Durchmesser 1 = Radius
			X	X		BE_ART_DIMRAD	Radius der Maßlinie für die Winkelbemaßung
			X	X		BE_ART_LEN_LINIE1 BE_ART_LEN_LINIE2	Schalter für die Orientierung der Maßhilfslinie >0 = Die Maßhilfslinien haben Orientierung auf den offenen Winkel der zu bemaßenden Linien oder auf den Mittelpunkt des Kreises. <0 = Die Maßhilflinien haben Orientierung auf den geschlossenen Winkel der zu bemaßenden Linien oder vom Mittelpunkt des Kreises nach außen.
X					X	BE_ART_PROANG	Winkel der Maßhilfslinie zum Referenzpunkt 0° = vertikal 90° = horizontal
X					X	BE_ART_DIMANG	Winkel der Maßlinie zum Referenzpunkt 0° = horizontal 90° = vertikal

Tabelle 5.9: (Fortsetzung)

Bemaßungsart						Parameterbezeichnung	Erklärung
1	2	3	4	5	6		
X	X	X	X	X	X	BE_ART_ITOL	Schalter für Toleranzangabe 1 = Ja 0 = Nein
X	X	X	X	X	X	BE_ART_TOLMIN	Angabe des minimalen Toleranzwertes
X	X	X	X	X	X	BE_ART_TOLMAX	Angabe des maximalen Toleranzwertes
X	X	X	X	X	X	BE_ART_VERSCH	Schalter, ob Text bei einer Verschiebung der Bemaßung verschoben angezeigt werden soll 1 = Ja 0 = Nein
X	X	X	X	X	X	BE_ART_ITEX	Schalter, ob Zusatztexte oder Bemaßungstext verschoben werden sollen 1 = Bemaßungswert 0 = Zusatztext
X	X	X	X	X	X	BE_ART_POSIT1X	neue X-Koordinate nach der Verschiebung
X	X	X	X	X	X	BE_ART_POSIT2Y	neue Y-Koordinate nach der Verschiebung
X	X	X	X	X	X	BE_ART_SCH_TEX	Schalter, ob Text an einer Maßzahl angehangen werden soll 1 = Ja 0 = Nein
X	X	X	X	X	X	BE_ART_NBCHAR	Anzahl der Textcharacter
X	X	X	X	X	X	BE_ART_PT1X	X-Koordinate des Textes in Bezug zum Referenzpunkt
X	X	X	X	X	X	BE_ART_PT1Y	Y-Koordinate des Textes in Bezug zum Referenzpunkt
X	X	X	X	X	X	BE_ART_TEXT	Inhalt des Textstrings
X	X	X	X	X	X	BE_ART_MASSPF	Schalter, über den die inverse Darstellung der Maßpfeile eingestellt werden kann 1 = invertiert 0 = normal

Bemaßungsart 4
Winkelbemaßung
Die Bemaßungsart ist einsetzbar bei der Winkelbemaßung von zwei Linienelementen, um zum Beispiel Schrägen oder Fasen zu bemaßen.

Bemaßungsart 5
Kreisbogenbemaßung
Der Kreisbogen wird durch eine Winkelangabe bemaßt.

Bemaßungsart 6
Abstandsbemaßung von Geometrieelementen
Mit den aufgezählten Bemaßungsarten ist das Spektrum der vorkommenden Maße in einer fertigungsgerechten Zeichnung abgedeckt.

Zu den möglichen Darstellungsarten der Bemaßung zählen:
- Darstellung mit und ohne Toleranzen
- Hinzufügen von Texten (z.B. H7)
- freies Placieren der Bemaßungselemente (Maßlinie, Maßhilfslinie, Texte usw.)
- Darstellung der Maßpfeile inner- oder außerhalb der Maßhilfslinien.

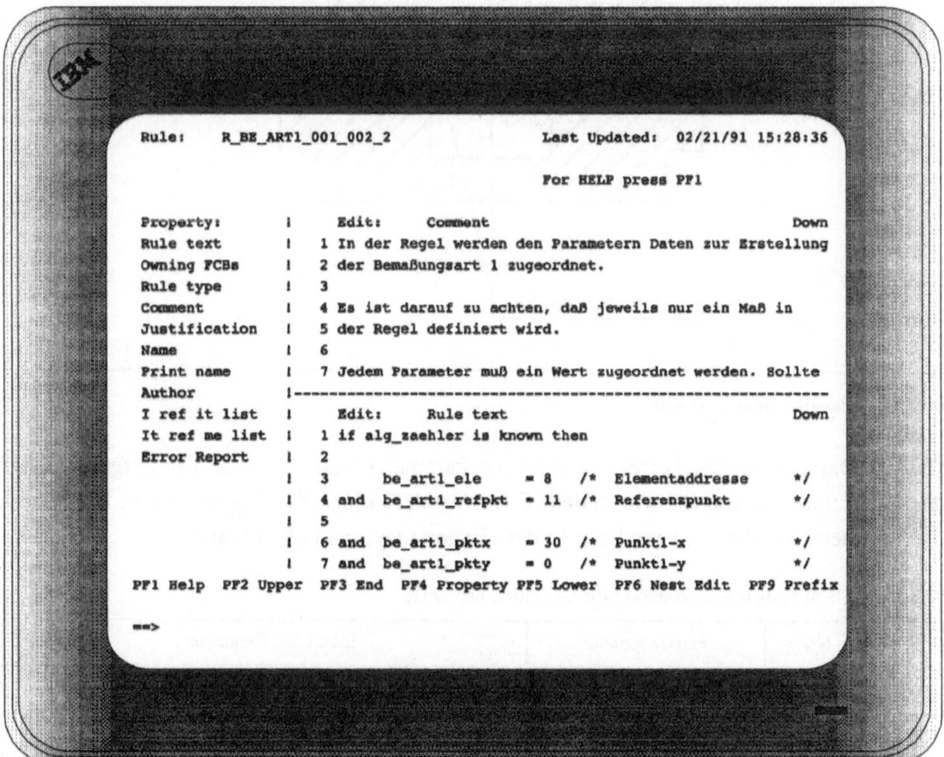

***Bild 5.10*: ESE-Bildschirm - Zuordnung der Daten an die Bemaßungsparameter**

5.1.4. Text

Die Möglichkeit, Texte in der Fertigungszeichnung darzustellen, ist eine Ergänzung zu den Bemaßungsarten. Es ergeben sich daraus Möglichkeiten, Erklärungstexte in den Einzelteilansichten zu positionieren. Die Textfunktion bietet zwei Möglichkeiten. Zum einen können Textstrings erstellt und durch die Koordinatenangabe im Detail-Workspace (Arbeitsbereich) positioniert werden. Die Größe des Textes ist dabei variabel. Zum anderen können sogenannte Textnodes erstellt werden *(Bild 5.11)*. Zusätzlich zu den Textstrings (Zeichenketten) verweisen ein oder mehrere Pfeile auf eine Stelle der Geometriekontur, auf die der Text Bezug nimmt (Freistich, Senkung nach DIN). Der Text und der Bezugspfeil sind separat über Koordinaten plazierbar.

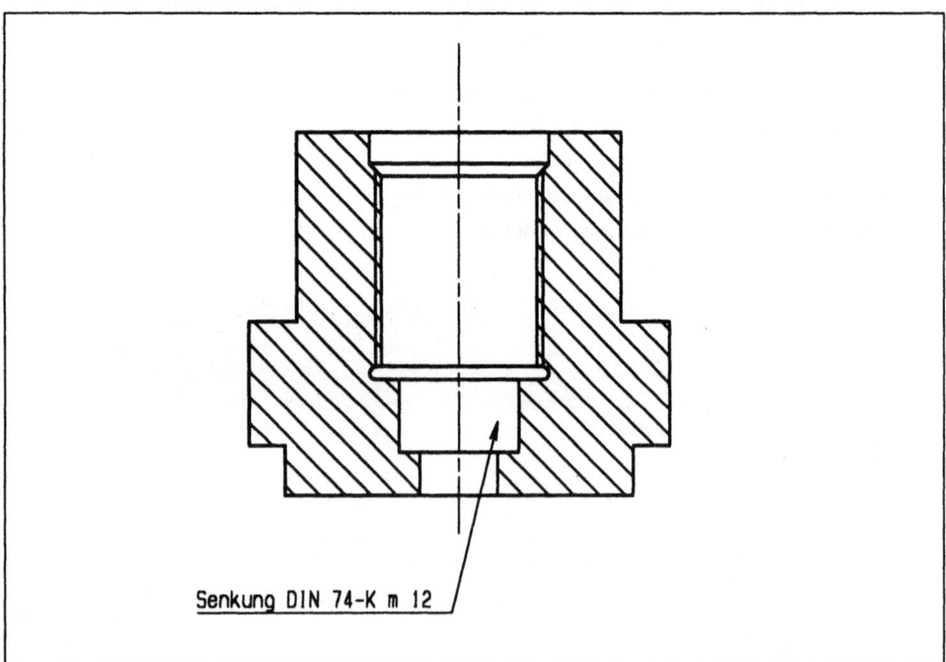

Bild 5.11: Beispiel einer Textnode

Die zur Darstellung des Textes notwendigen Parameter sind in *Tabelle 5.10* aufgeführt. Die *Bilder 5.12* und *5.13* zeigen, wie in dem Focus Control Block die Regeln und in den Regeln die Parameter für die Texterstellung in dem Expertensystem definiert sind.

Tabelle 5.10: Aufgaben der Parameter zur Detinition der Texte

Text	Node	Parametername	Inhalt des Parameters
X	X	...._NBCHAR	Anzahl der Buchstaben des Textstring's
X	X	...._JDESC	Schriftgröße
X	X	...._REFPKT	Referenzpunkt

Tabelle 5.10: (Fortsetzung)

X	X	...._PTX	X-Koordinate zum Referenzpunkt
X	X	...._PTY	Y-Koordinate zum Referenzpunkt
X	X	...._TEXT	Textstring, der im Workspace steht
	X	...._SLD	Unterstrich nach links
	X	...._SLF	Unterstrich nach rechts
	X	...._EXTR_X	Endpunkt X-Koordinate
	X	...._EXTR_Y	Endpunkt Y-Koordinate

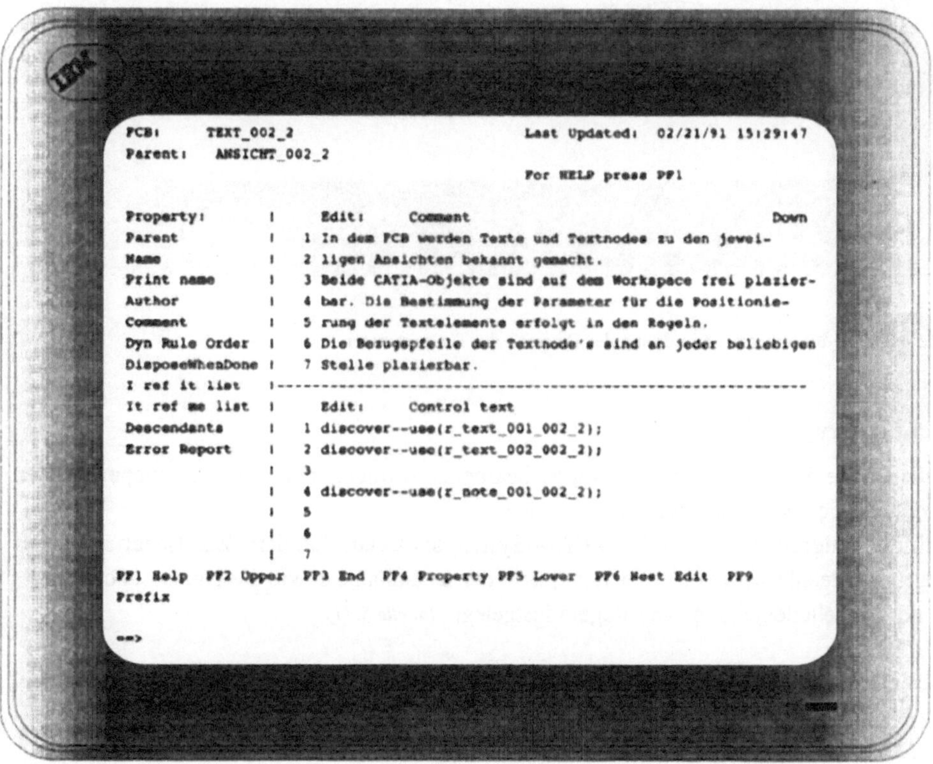

***Bild 5.12*: ESE-Bildschirm - FCB mit dem Aufruf der Regeln für den Text**

```
Rule:     R_TEXT_001_002_2                          Last Updated:  02/21/91 15:29:47

                                                    For HELP press PF1

Property:          |     Edit:      Comment                                          Down
Rule text          |   1 In der Regel werden den Parametern für die Texterstellung
Owning PCBs        |   2 Daten zugewiesen. Jeder Parameter muß mit einem Wert be-
Rule type          |   3 legt werden.
Comment            |   4 Für jeden neuen Text ist eine eigene Regel zu verwenden.
Justification      |   5
Name               |   6
Print name         |   7
Author             |-------------------------------------------------------------
I ref it list      |     Edit:      Rule text                                        Down
It ref me list     |   1 if alg_zaehler is known then
Error Report       |   2
                   |   3      text_nbchar  = 27       /* Anzahl der Character    */
                   |   4 and text_jdesc   = 2        /*    Schriftgroesse       */
                   |   5 and text_refpkt  = 31       /*    Referenzpunkt        */
                   |   6 and text_ptx     = 0        /* X - Koordinate zum Ref*/
                   |   7 and text_pty     =-30       /* Y - Koordinate zum Ref*/
PF1 Help  PF2 Upper  PF3 End  PF4 Property PF5 Lower  PF6 Next Edit  PF9
Prefix

==>
```

Bild 5.13: ESE-Bildschirm - Zuordnung der Daten an die Textparameter

5.1.5. Baugruppe

Nachdem die Einzelteile der Baugruppe bearbeitet wurden, kann die Baugruppe aus den Einzelteilansichten zusammengestellt werden.

Auch die Baugruppe wird im CAD/CAM-System als Detail definiert. Zur Generierung des Baugruppendetails wird vom Expertensystem der Detailname sowie die Namen und Positionen der Einzelteildetails in zwei Regeln festgelegt *(Tabelle 5.11)*.

Tabelle 5.11: Aufgaben der Parameter zur Definition der Baugruppe

Parameter	Aufgaben der Parameter
ZU_BAUGR_BEZ	Bezeichnung des Baugruppendetails
ZU_ID_DITTO	Bezeichnung des zur Baugruppe gehörenden Einzelteildetails
ZU_SCALE	Skalierungsfactor des Einzelteildetails

Tabelle 5.11: (Fortsetzung)

Parameter	Aufgaben der Parameter
ZU_X_KOORD	X-Koordinate des Einzelteildetails in Bezug zum relativen Nullpunkt des Baugruppendetails
ZU_Y_KOORD	Y-Koordinate des Einzelteildetails in Bezug zum relativen Nullpunkt des Baugruppendetails
ZU_FILTER	Der Parameter bestimmt, ob auf das Einzelteildetail ein ZSB-Filter angewendet wird. 1 = mit Filter 2 = ohne Filter

5.1.6. Fertigungszeichnung

Die Erstellung der Fertigungszeichnung wird mit drei Regeln bearbeitet. Die erste Regel hat die Aufgabe, einen Parameter mit dem Detailnamen der Fertigungszeichnung zu belegen.
In der zweiten Regel wird festgelegt, welche Einzelteilansichten die Fertigungszeichnung beinhaltet und wo sie positioniert sind *(Tabelle 5.12)*.

Tabelle 5.12: Aufgaben der Parameter zur Definition der Fertigungszeichnung

Parameter	Aufgabe der Parameter
FO_FORM_BEZ	Bezeichnung des Details für die Fertigungszeichnung
FO_X_KOORD	X-Koordinate des Einzelteildetails in Bezug zum relativen Nullpunkt der Fertigungszeichnung
FO_Y_KOORD	Y-Koordinate des Einzelteildetails in Bezug zum relativen Nullpunkt der Fertigungszeichnung
FO_ARC	Einfügewinkel des Einzelteildetails zum relativen Koordinatensystems der Fertigungszeichnung
FO_SCALE	Skalierungsfactor des Einzelteildetails
FO_FILTER	Der Parameter bestimmt, ob auf das Einzelteildetail ein ZSB-Filter angewendet wird. 1 = mit Filter 2 = ohne Filter

Der Text für den Schriftkopf des Formblattes wird in der dritten Regel festgelegt. Der Parameter, der die Informationen beinhaltet, ist vom Typ Number;Ordered und wird mit neun Feldelementen belegt *(Tabelle 5.13)*.

Tabelle 5.13: Datenstruktur der Parameters FO_TEXT

Feldelement des Parameters FO_TEXT	Inhalt des Feldelementes
1.Feldelement	Zeichnungsnummer
2.Feldelement	Planungsabteilung
3 Feldelement	Benennung der Konstruktion
4. Feldelement	Maßstab
5.Feldelement	Geprüft
6.Feldelement	Entworfen
7.Feldelement	Gesehen
8.Feldelement	Teilgezeichnet
9.Feldelement	Blattnummer

5.2. Darstellung der Geometrie im CAD/CAM-System

Das Expertensystem stellt die ermittelten Parameter in ESE Dialogschirme, jeder Elementtyp hat einen separaten Schirm *(Bilder 5.14 - 5. 17)*. Die Parameter auf dem Schirm werden über den COMMON in Fortran an die Unterprozeduren im CAD/CAM-System übergeben (vergl. Kapitel 4.2.3). Die Schirme werden dem Anwender auf dem CAD/CAM-Bildschirm nicht angezeigt. Sie sind nur zur Übergabe der Daten an das CAD/CAM-System und zur Kontrolle der Wissensbasis durch den Entwickler definiert. Für jeden Elementtyp existiert in dem CAD/CAM-System ein Unterprogramm. Die Parameter werden für jede Ansicht eines Einzelteils separat abgearbeitet. Für eine Ansicht bedeutet das, daß zuerst ein Detail für die Ansicht erzeugt wird, im Anschluß werden die Punkte, Linien und Bögen über den ESE-Dialogschirm und die dazugehörigen CATIA-Unterprozeduren grafisch im Detail-Workspace dargestellt. In weiteren Schritten wird die Schraffur, die Bemaßung und der Text bearbeitet. Sind alle Elemente erstellt, die eine Ansicht beschreiben, wird das Detail geschlossen. Für die nächsten Ansichten werden die beschriebenen Schritte wiederholt, bis alle Ansichten aller Einzelteile bearbeitet sind.
Zu Beginn wird in den Unterprogrammen der Layer abgefragt. Allen Elementtypen, die grafisch dargestellt werden, wird ein Parameter mitgegeben, der festlegt, auf welchem Layer das Element erzeugt werden soll.

5.2.1. Detail

Das Programm erzeugt oder wechselt in ein Detail-Workspace (Arbeitsbereich) mit vorgegebenen Namen. Im Kapitel 3.1.2.1 "Standardisieung der Systemumgebung" wurde erläutert, was unter einem Detail verstanden wird und wie der Detailname zusammengesetzt ist.
Das Programm bekommt über den Parameter ALG_ANS_BEZ aus dem Expertensystem den Detailnamen. Erst nach dem Programmaufruf des jeweiligen Detail-Workspace's können die Programme zur Erstellung der Baugruppe, des Formblattes, der Einzelteilköpfe und der Einzelteilansichten abgearbeitet werden.
In den Detailworkspace der Einzelteilansichten wird die Geometrie, die Bemaßung, die Schraffur und gegebenfalls Text erzeugt, um eine detaillierte Ansicht eines Einzelteils darzustellen.

5.2.2. Punkt

Das Programm erstellt Punktkoordinaten, die aus der polaren Darstellung im Expertensystem in die kartesische Darstellung des CAD/CAM-Systems übertragen werden. Der Feldparameter GEO_PUNKT beinhaltet die Polarkoordinaten für die Lage der Punkte im Workspace, wobei der relative Nullpunkt des nächsten Punktes durch die XY-Koordinaten des zuletzt erzeugten Punktes gebildet wird.
Über den Parameter GEO_ANZ_PUNKT liefert das Expertensystem die Information über die Anzahl der benötigten Punkte.
Aus den Informationen der zwei Parameter können über eine Programmschleife, die über die Anzahl der benötigten Punkte läuft, die definierten Punkte im CAD/CAM-System erzeugt werden. Der Ausgangspunkt für die Erzeugung der Punkte ist der relative Nullpunkt im Detail-Workspace. Die Punkte werden im Workspace nicht dargestellt, sie existieren nur in der Datenbasis des CAD/CAM-Systems, um sie bei der Erzeugung von Linien und Bögen anzusprechen.

5.2.3. Linie

Das CAD-Modell hat voreingestellte Standardwerte, die Einfluß auf die Attribute der CAD-Elemente nehmen. Alle Elemente, die neu erzeugt werden, stellt das CAD-System mit den voreingestellten Attributen dar. Der Anwender hat dann die Möglichkeit, über Unterfunktionen den Elementen die Attribute zuzuordnen, die zur Darstellung relevant sind. Nach diesem Prinzip werden auch die Elemente über die Programme realisiert.
Über die bekannten Punkte, die Informationen aus den Parametern GEO_LINIE und ANZ_GEO_LINIE referenziert das Programm die Linien in den voreingestellten Detail-Workspace.
Zur Erzeugung der Linie werden drei CATIA-Unterprozeduren verwendet. Mit der ersten wird die Linie mit den im CAD/CAM-System voreingestellten Attributen erzeugt. Die

zweite Unterprozedur stellt den vorgegebenen Linientyp ein und die dritte die vorgegebene Linienstärke.
Über das erste Feldelement des Parameters GEO_LINIE wird der Layer eingestellt, auf dem die Linien dargestellt werden. So ist es möglich, die Linien durch die Filterfunktion im Detail-Workspace auszublenden (vergl. Kap. 3.1.2.1.).

5.2.4. Bogen

Das Programm erzeugt Bögen, beziehungsweise Kreise aus den über den Ausgabeschirm des Expertensystems vorliegenden Daten. Die notwendigen Informationen zur Darstellung des Elementes werden mit dem Parameter GEO_BOGEN an das Programm übergeben. Der Kreis ist ein Bogen mit dem Anfangswinkel 0° und einem Endwinkel von 360°. Bei den Bögen und Kreisen wird bei der Erstellung genau wie bei den Linien verfahren.

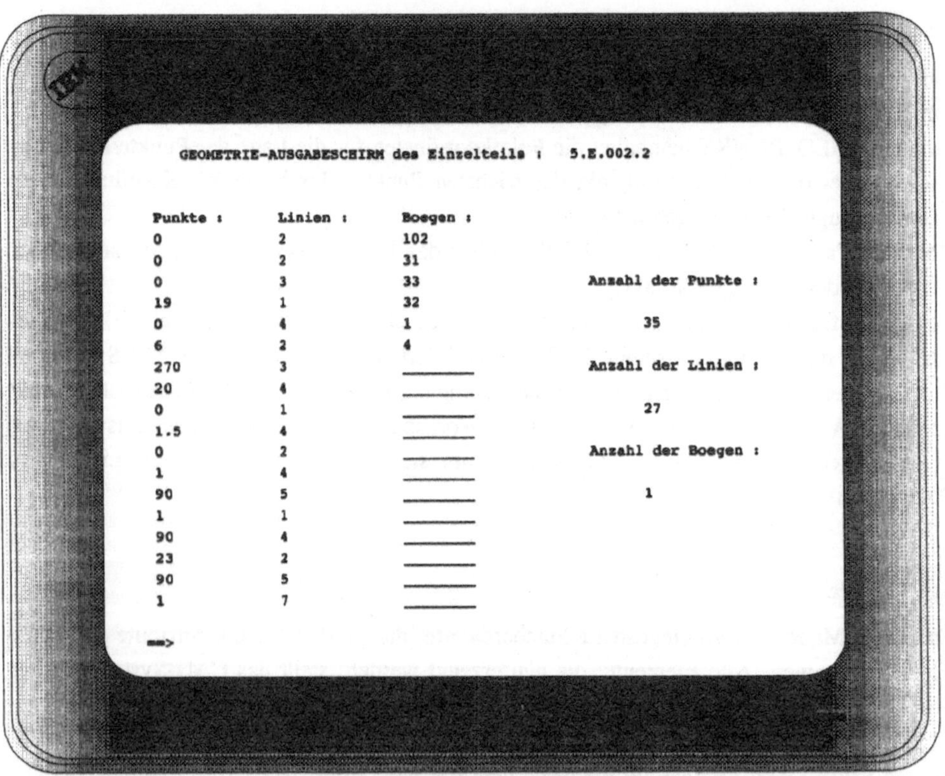

Bild 5.14: ESE-Bildschirm - Ausgabeschirm der Elementtypen Punkt, Linie und Bogen

5.2.5. Bemaßung

Mit dem Programm werden die sechs Bemaßungsarten erzeugt, die in dem Expertensystem über die beschrieben Parameter definiert werden können. In dem Programm wird abgefragt, welche Bemaßungsart behandelt werden soll. Für jede Bemaßungsart ist ein Programmpfad vorhanden.
Alle Bemaßungsarten werden durch fünf Unterprozeduren erzeugt, die in dem jeweiligen Pfad aufgerufen werden.

1. Toleranzangabe
Ist im Expertensystem der Schalter für die Toleranz durch den Parameter BE_ART_ITOL auf ja gesetzt, wird die Routine für die Toleranzerstellung aufgerufen. Durch CATIA-Unterprozeduren wird die Standardeinstellung für die Bemaßung überprüft und die Toleranzangaben der Parameter BE_ART_TOLMIN und BE_ART_TOL_MAX aus dem Expertensystem übernommen.

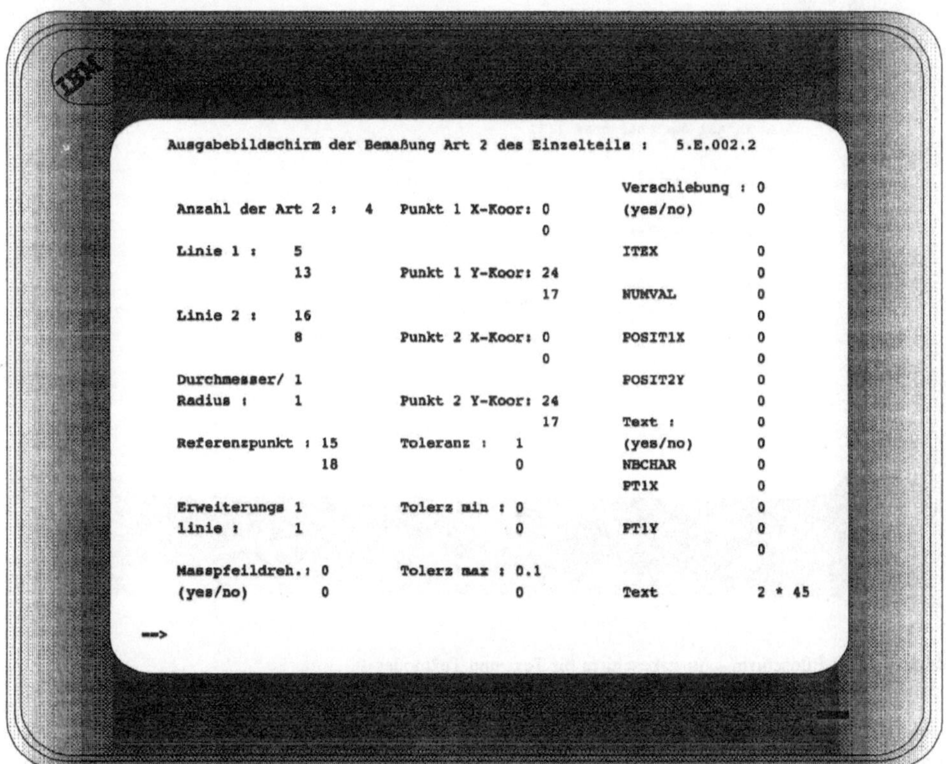

Bild 5.15: ESE-Bildschirm - Ausgabeschirm für die Bemaßungsarten

2. Bemaßung der Elemente

Für die sechs unterschiedlichen Bemaßungsarten wird in dem jeweiligen Pfad die CATIA-Unterprozedur aufgerufen, die die Bemaßung im CAD/CAM-System erzeugt.

3. Positionierung der Bemaßungstexte

Wird im Expertensystem der Schalter für die Verschiebung der Bemaßungstexte, BE_ART_VERSCH, auf ja gesetzt, erfolgt der Aufruf für die Routine zur Verschiebung der Bemaßungstexte. Die Parameter BE_ART_POSIT1X und BE_ART_POSIT2Y aus dem Expertensystem geben die neue Position der Texte an.

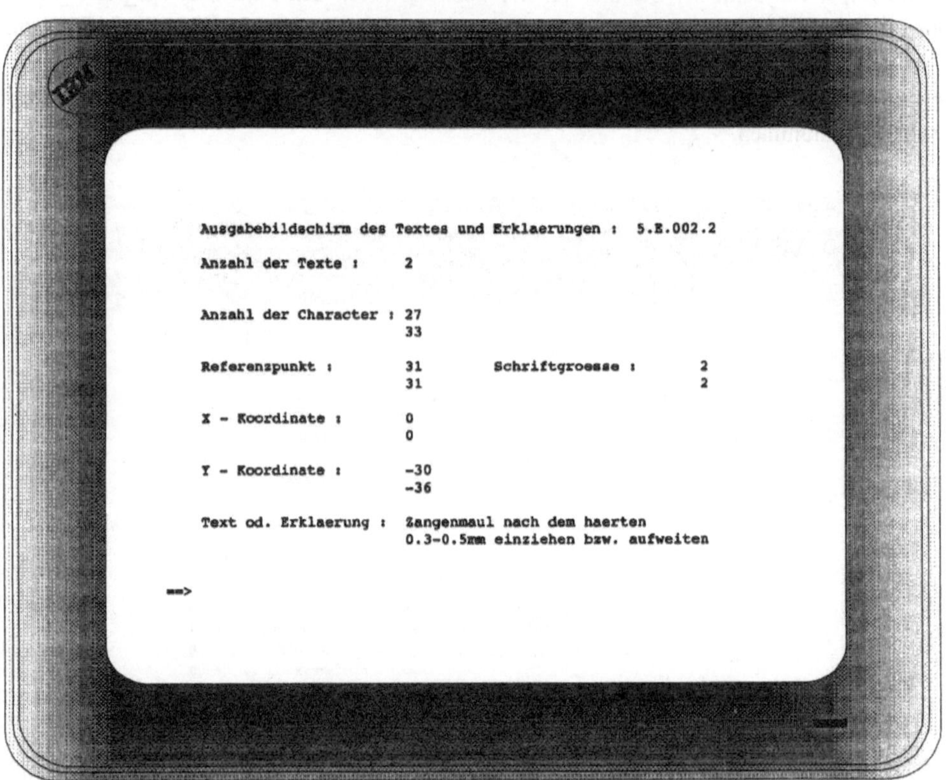

```
Ausgabebildschirm des Textes und Erklaerungen :  5.E.002.2

Anzahl der Texte :        2

Anzahl der Character :    27
                          33

Referenzpunkt :           31          Schriftgroesse :     2
                          31                               2

X - Koordinate :          0
                          0

Y - Koordinate :          -30
                          -36

Text od. Erklaerung :     Zangenmaul nach dem haerten
                          0.3-0.5mm einziehen bzw. aufweiten

==>
```

Bild 5.16: ESE-Bildschirm - Ausgabeschirm für Text und Textnodes

4. Zusätzlicher Text

Über den Parameter BE_ART_SCH_TEX wird entschieden, ob die Routine für zusätzliche Texte durchlaufen werden soll.

5. Inversdarstellung der Maßpfeile
Die Routine zur inversen Darstellung von Maßpfeilen wird abgearbeitet, wenn der Parameter BE_ART_MASSPF auf invertieren steht.

Das Bemaßungsprogramm wird für jede Einzelteilansicht abgearbeitet, es sei denn, daß keine Bemaßung benötigt wird, dann wird das Programm übersprungen. Je nach Bemaßungsart und Attributen (Text, Toleranz usw.), die in der Einzelteilansicht benötigt werden, durchläuft das Programm die Pfade der Bemaßungsart oder überspringt sie.

5.2.6. Text

Wie zuvor beschrieben gibt es bei der Textfunktion die Möglichkeit, Textstrings und Textnodes zu erzeugen. Aus diesem Zusammenhang heraus ergibt sich in dem Textprogramm die Notwendigkeit, zwei Programmpfade anzulegen. Die Parameter zur Definition der Textstrings und -nodes werden über COMMON's an die CATIA-Unterprozeduren übergeben.

5.2.7. Schraffur

Das Programm erzeugt aus den Eingangsdaten vom Ausgabeschirm des Expertensystems Schraffuren. Die Schraffurarten sind über das Projektfile des CAD/CAM-Systems vorgegeben. Die Auswahl aus den vordefinierten Angebot erfolgt über eine Integernummer, die durch den Parameter PAT_ANZ_KON übergeben wird. Damit die Schraffur auf dem Bildschirm dargestellt werden kann, muß die durch den Konturzug definierte Fläche durch die Bestimmung der Konturelemente zur Verfügung stehen. Diese Fläche kann aus mehreren Konturen gebildet werden, die auch ineinander geschachtelt sein dürfen.

5.2.8. Baugruppe

Nach dem Erstellen der Details wird die Baugruppe zusammengestellt. Mit dem Aufruf des schon beschriebenen Programmes Detail, wird der Detail-Workspace der Baugruppe geöffnet. Alle Details, die zur Ansicht der vorgegebenen Baugruppe gehören, werden als Dittos (Abbild) in den Detail-Workspace der Baugruppe gestellt. Das Programm hat außerdem die Aufgabe, den ZSB-Filter zu erstellen und auf die Dittos der Einzelteilansichten anzuwenden. Durch das Filter werden die Ebenen ausgeschaltet, auf denen Elemente vorkommen, die in der Zusammenbausituation der Einzelteile nicht zu sehen sind (vergl. Kap. 3.1.2.1.1).

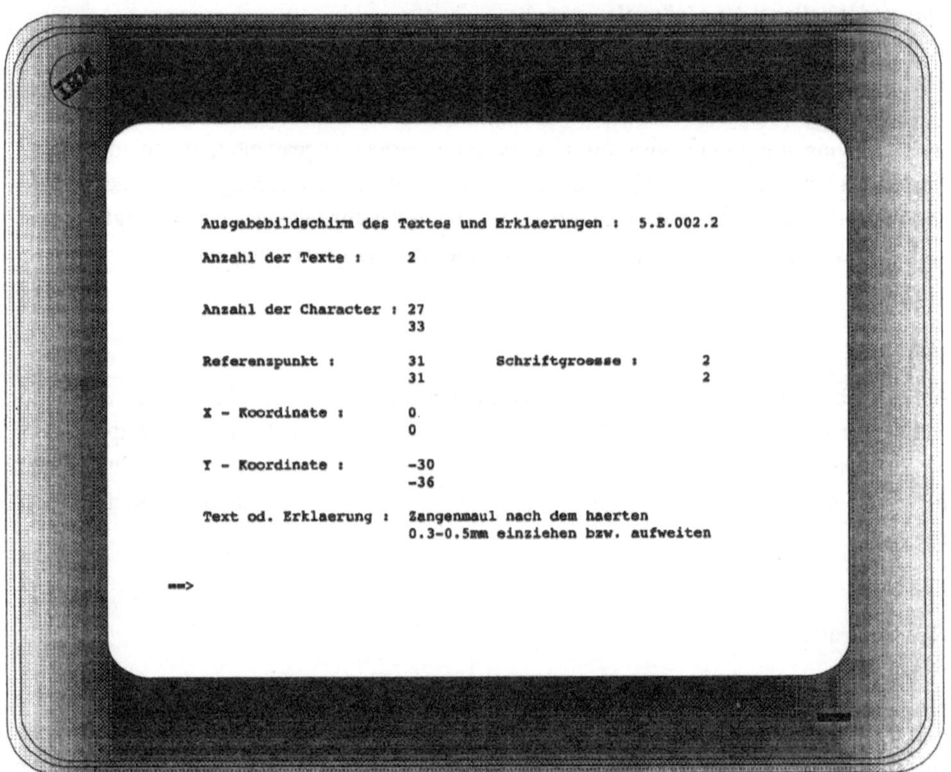

Bild 5.17: ESE-Bildschirm - Ausgabeschirm für die Schraffur

5.2.9. Fertigungszeichnung

Die Fertigungsunterlagen sind erst dann komplett, wenn eine Fertigungszeichnung vorliegt. Diese Aufgabe hat das Programm, in dem die Dittos der Einzelteilansichten und der Einzelteilköpfe in einem Formblatt angeordnet werden. Das Formblatt selber ist wiederum ein Detail.

6. Beispiel einer Anwendung

6.1. Einleitung

Die mit Hilfe von einem Expertensystem und einem CAD/CAM-System entwickelte Anwendung ist ein Programm, das zwischen dem Kern des Entwurfssystems und dem Benutzer steht.
Es basiert auf einem integrativen Konzept, das wissensbasierte und konventionelle Lösungen miteinander kombiniert.

Am Beispiel von Montagevorrichtungen *(Bild 6.1)* für Lager und Wellendichtringe wurde eine funktionsbezogene Standardisierung durchgeführt. Das Ergebniss sind 28 verschiedene Funktionsbaugruppen für die Montage von Lagern und Wellendichtringen in Deckel, Gehäuse und auf Wellen. Die definierten Funktionsbaugruppen wurden interaktiv in das CAD-System aufgenommen und werkstückbezogen über Schlüsselworte in der CAD/CAM-Bibliothek abgelegt.

Durch die montagegerechte Konstellation verschiedener Funktionsbaugruppen zu einem vorgegebenen Montageproblem wird der Entwurf problemorientierter Montagearbeitsplätze möglich.

Über das Expertensystem wird der Zugriff auf die Bibliothek des CAD/CAM-Systems realisiert. Es ist möglich, über eine Dialogfunktion in dem CAD/CAM-System mit Hilfe des Expertensystems Objekte aus der Library gezielt zu suchen und neue interaktiv erzeugte Objekte über Attribute abzulegen.
Außerdem ermittelt das Expertensystem die Geometrieabmessungen der über das Expertensystem ausgewählte Baugruppe, wenn keine passende Baugruppe in der Bibliothek gefunden wurde, und erstellt eine fertigungsgerechte Zeichnungen.

6.2. Konstruktion

Die Vorrichtungen zur Montage von Lagern und Wellendichtringen sind alle nach dem selben Prinzip aufgebaut. Sie sind in drei Funktionsbaugruppen einteilbar:

Verbindungselement
Dieses Element hat die Funktion, alle anderen Funktionselemente miteinander zu verbinden.

Festteil
Dieses Element hat die Aufgabe, Gehäuse, Deckel und Wellen sowie Lager- und Wellendichtringe zu stützen und positionieren.

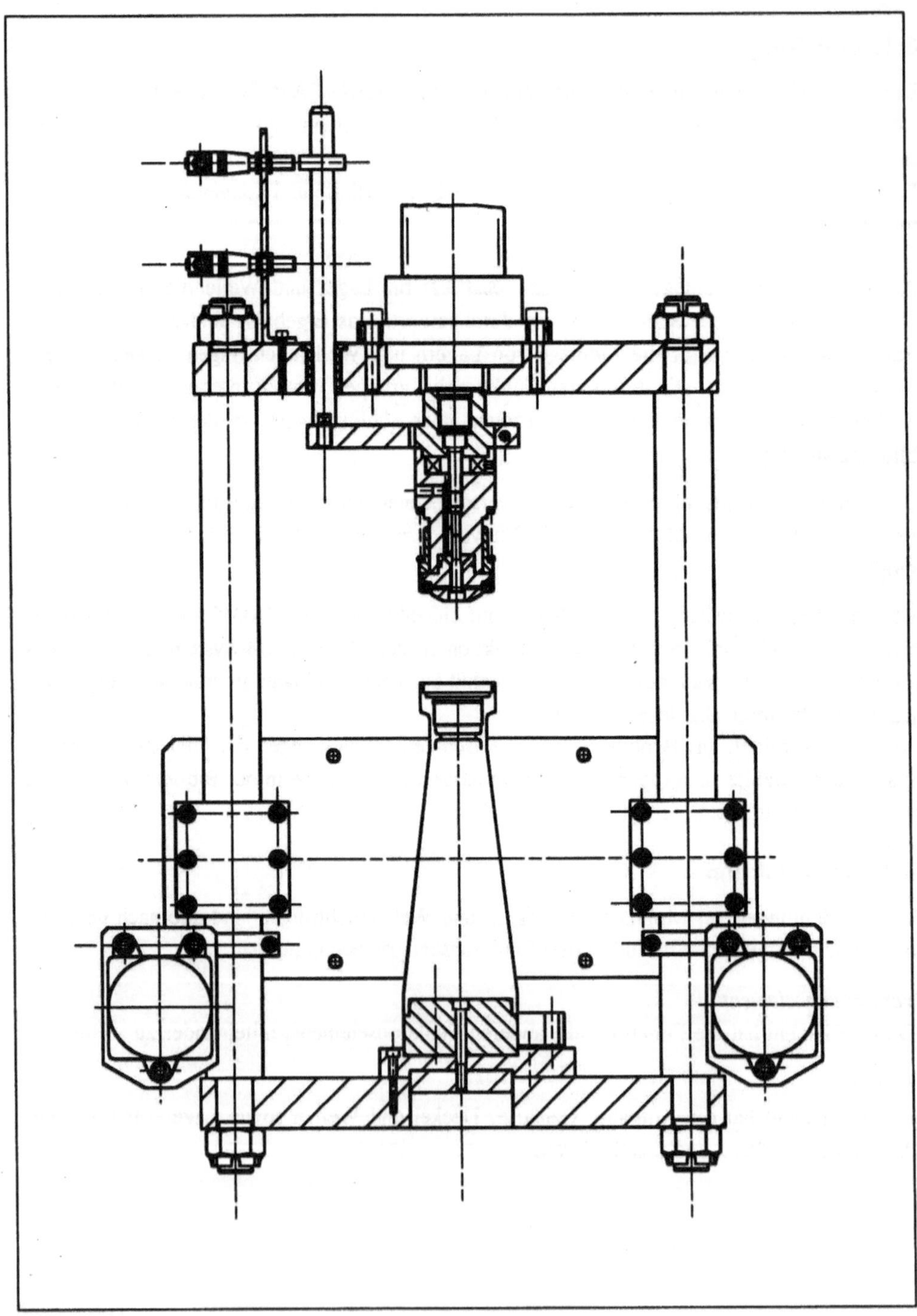

Bild 6.1: Montagevorrichtung für Lager und Wellendichtringe

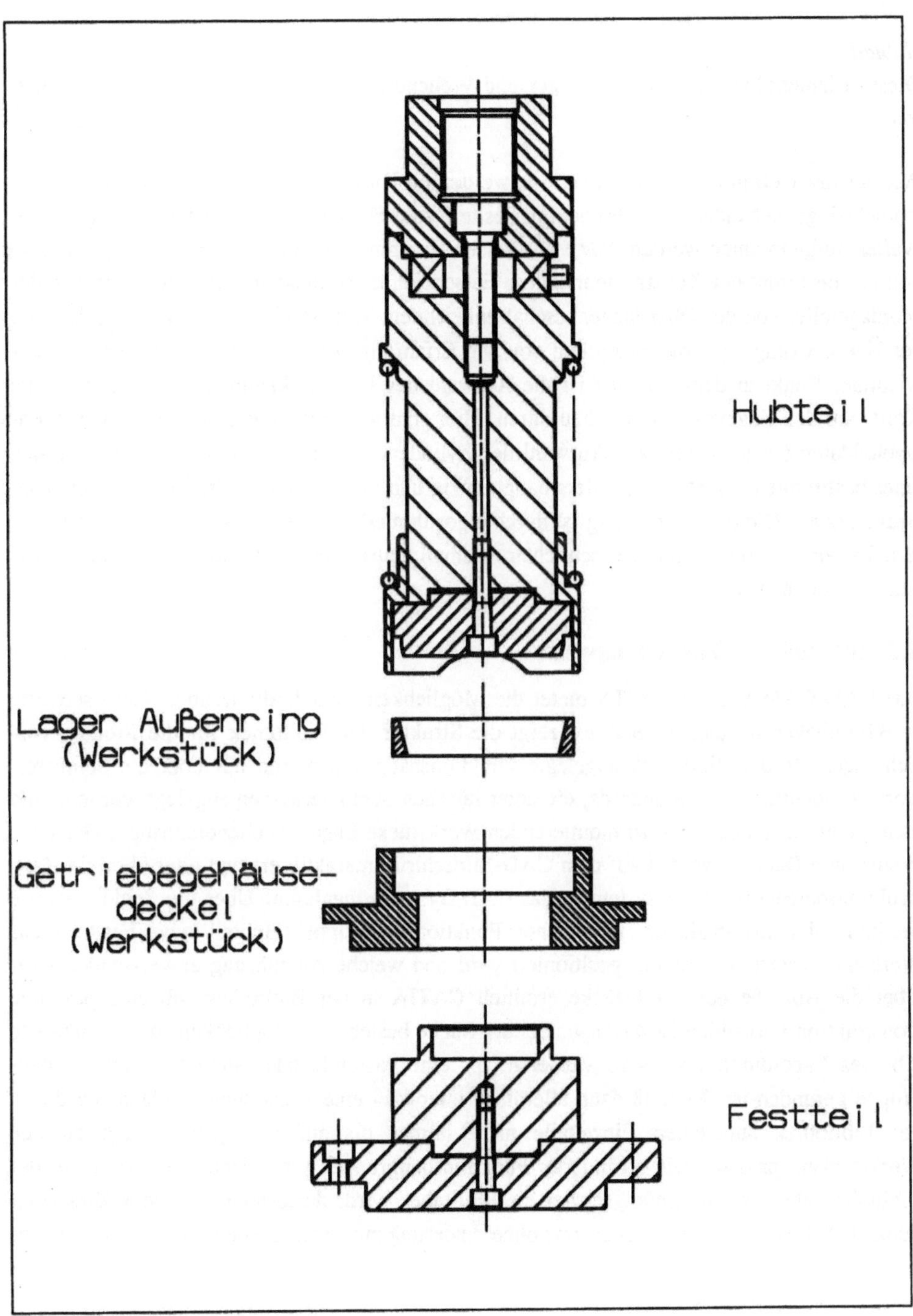

Bild 6.2: Funktionsbaugruppen

Hubteil
Dieses Element hat die Aufgabe, Lager und Wellendichtringe zu stützen und zu positionieren.

Wie aus der Definition zu entnehmen ist, werden im Hubteil ausschließlich Lager oder Wellendichtringe gehandhabt, während im Festteil zusätzlich noch die Gehäuse, Lager oder Wellen aufgenommen werden *(Bild 6.2)*. Welche Kombination in einem Entwurf zum Einsatz kommt, bestimmt der Konstrukteur. Diese Entscheidung ist abhängig von der Geometrie der Montageteile, von der Oberflächenbeschaffenheit, dem Werkstoff, von der Wandstärke, von der Überdeckung der Toleranzen und von den Erfahrungen des Konstrukteurs. Ein weiterer wichtiger Punkt in dem Entwurf ist die Auswahl des Hydraulikzylinders, er bestimmt die Kraft, um den Fügevorgang durchzuführen. Hier sind wiederum die schon erwähnten Montageteildaten ein Kriterium zur Auswahl des Zylinders. Die Entscheidung über den Einsatz eines bestimmten Hydraulikzylinders hängt einzig und allein von den Erfahrungen des Konstrukteurs ab. Diese Entscheidung ist durch algorithmierbare Mechanismen nicht zu definieren. Es wird deutlich, daß in erheblichen Ausmaß heuristische Entscheidungen Einfluß auf den Entwurf haben.

6.3. Interaktive Vorgehensweise

Das CAD/CAM-System CATIA bietet die Möglichkeit, Standardteile über Schlüsselworte in Bibliotheken abzulegen. *Bild. 6.3* zeigt die Struktur der Bibliothek für die Montagevorrichtungen. In der Bibliothek abgelegte Funktionsbaugruppen sind nur über die Schlüsselworte zu identifizieren. Standards, die unter falschen Schlüsselworten abgelegt wurden, sind nicht mehr auffindbar. Die zu montierenden Werkstücke Lager, Wellendichtringe, Gehäuse, Wellen und Deckel, werden auf dem CAD-Bildschirm interaktiv erzeugt oder über ein Konstruktionsdatenverwaltungssystem in das CAD-System eingelesen. Über die Schlüsselworte bestimmt der Konstrukteur, in welcher Funktionsbaugruppe (Hubteil oder Festteil) das Werkstück zentriert und/oder positioniert wird und welche Ausführung er verwenden will. Über die Abmaße der Werkstücke ermittelt CATIA in der Bibliothek, ob eine passende Konstruktion vorhanden ist *(Bild 6.4)*. Bei der Suche besteht die Möglichkeit, die Grenzwerte z.b. des Lagerdurchmessers zu variieren, bis eine passende oder ähnliche Funktionsbaugruppe gefunden ist. Es muß dann allerdings interaktiv eine Anpassung erfolgen, da die in der Bibliothek abgelegten Einzelteile nicht immer bis auf das genaue Maß zu den Werkstücken passen. Die geänderte Funktionsbaugruppe wird dann wiederum in der Bibliothek abgelegt. Je umfangreicher die Bibliothek wird, desto höher ist die Wahrscheinlichkeit, daß eine Funktionsbaugruppe ohne Änderung zur Montage eingesetzt werden kann.

Library	MONTAGE
Families	Lager
Discrete Keywords	KEGELROLLENLAGER RILLENKUGELLAGER ZYLINDERROLLENLAGER NADELHÜLSEN NADELLAGER KOMBINIERTE LAGER
Qualities	HUBTEIL FESTTEIL
Binary Keywords	WELLE DECKEL GEHÄUSE
Numerical Keywords	LAGERAUßEN Ø LAGERINNEN Ø LAGERBREITE EINPREßTIEFE
Einheiten	mm
Alphanum. Keywords	GUßGESTELL SÄULENGESTELL SCHWEIßGESTELL

Bild 6.3: **Struktur der Bibliothek für Montagevorrichtungen**

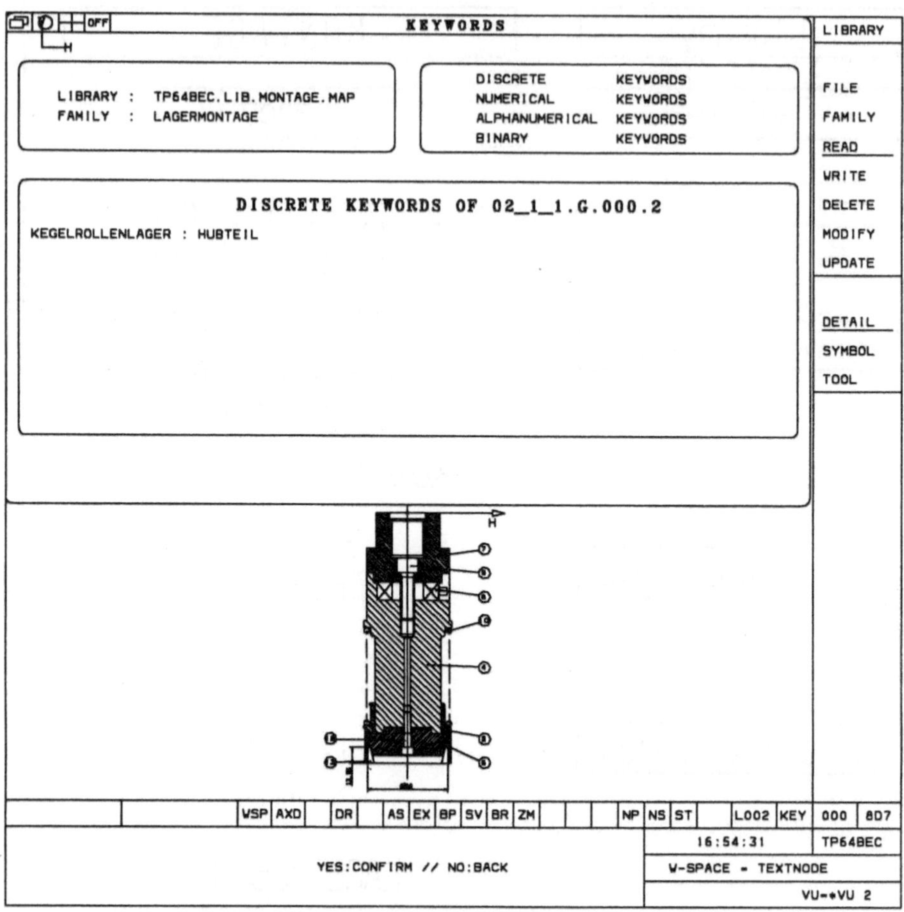

Bild 6.4: Konsultationsergebnis der Bibliotheksabfrage

6.4. Wissensbasierte Vorgehensweise

Voraussetzung für die Anwendung ist die Darstellung der zu montierenden Teile auf dem CAD-Bildschirm. In dem CAD-System wird die Dialogfunktion der wissensbasierten Anwendung aufgerufen *(Bild 6.5)*. Die Auswahl und Kombination der zu verbauenden Teile wird mit Hilfe der Unterfunktionen selektiert. Positionier- und Zentrierflächen oder -bohrungen werden auf dem Bildschirm selektiert. Die Abmaße zur Bestimmung der Funktionsbaugruppe z.B. Lagerdurchmesser und Lagerbreite, können alphanumerisch oder selektiv eingegeben werden. Die Auswahl der Funktionsbaugruppenart und Ausführung wird in Zusammenarbeit zwischen dem Konstrukteur und dem Expertensystem ermittelt. Durch die Wissensakquisition über das spezielle Montageproblem wurden Wissensbasen erstellt, die durch den interaktiven Dialog über den CAD-Bildschirm den Konstrukteur unterstützen.

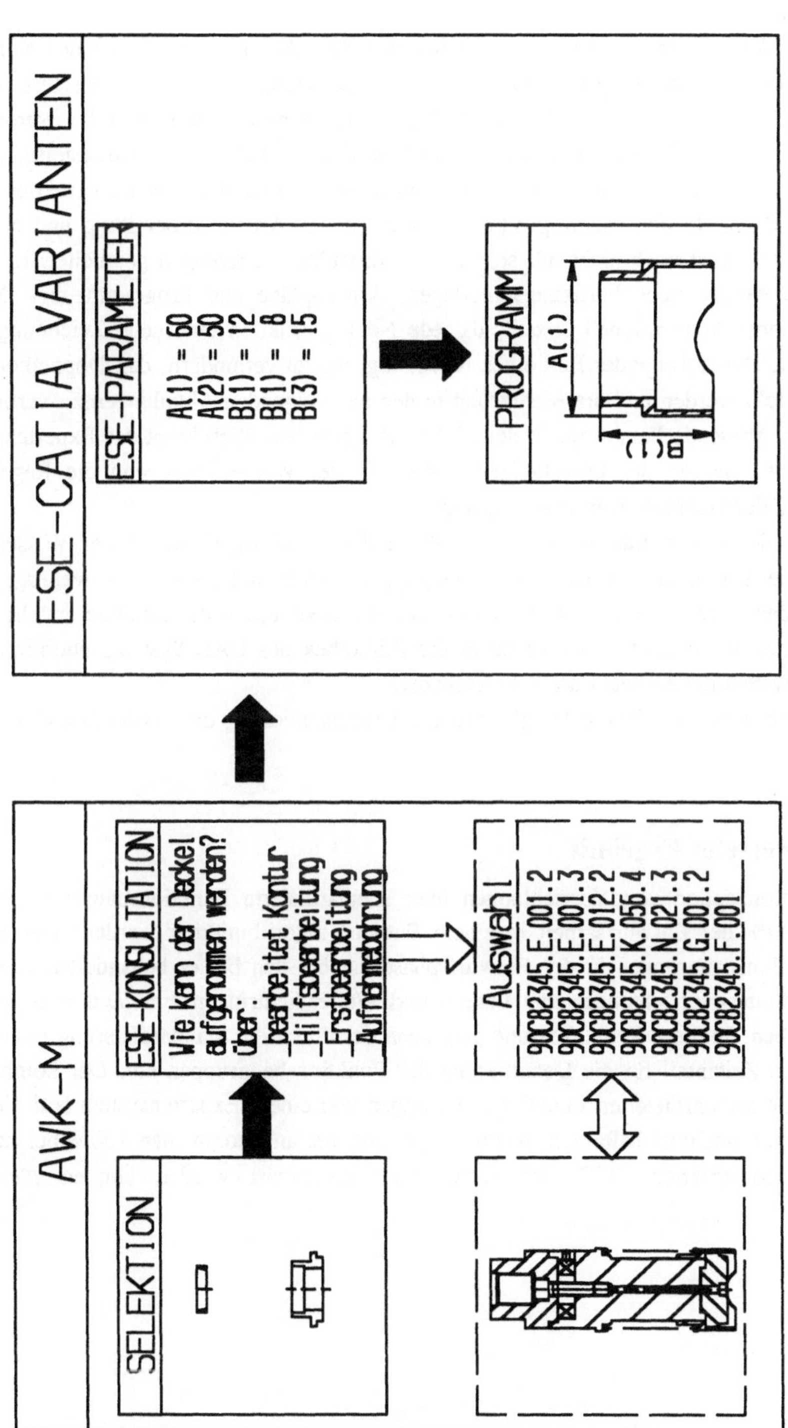

Bild 6.5: Konstruktionsablauf der Expertensystemanwendung

Aufgrund des Wissens in den Wissensbasen und den Dialoginformationen des Konstrukteurs, kann das Expertensystem über Regeln die Baugruppe ermitteln. Steht fest, welche Baugruppe für das gestellte Montageproblem zum Einsatz kommen soll, werden die Schlüsselworte für die Bibliothekskonsultation ermittelt. Über die wissensbasierte Anwendung ist es in kürzester Zeit möglich, neue Fertigungsunterlagen in der Konstruktion zu erstellen *(Bild 6.6)*. In den nachfolgenden Abteilungen wie Arbeitsvorbereitung und NC-Programmierung wird noch nicht mit solchen komfortablen Werkzeugen gearbeitet. In diesen Bereichen werden neue Fertigungsunterlagen, Arbeitspläne und Programme bei Doppelkonstruktionen konventionell erstellt, da jede Neukonstruktion eine neue Zeichnungsnummer erhält. Die Abfrage der Bibliothek ist wichtig, um zu verhindern, daß Doppelkonstruktionen erstellt werden und um Mehrarbeit in den nachfolgenden Abteilungen zu vermeiden. Wird keine passende Baugruppe in der Bibliothek gefunden, übernimmt das Expertensystem die Parametrisierung der Einzelteilgeometrien. In der Wissensbasis sind die Regeln zur Ermittlung der Geometrievarianten abgelegt.

Mit Hilfe der selektierten Werkstückabmaße und den Informationen in der Wissensbasis werden die Parameter zur Geometrieerzeugung ermittelt und an CATIA weitergegeben. Dort werden über die beschriebenene Routinen die Geometrien der Bauteile erstellt. Beim Ablegen der neu erstellten Geometrie in die Bibliothek des CAD-Systems übernimmt das Expertensystem die Auswahl der Schlüsselworte.

In der Wissensbasis "Überdeckung" wird die Dimensionierung des Hydraulikzylinders ermittelt.

6.5. Erwartetes Ergebnis

Mit der Konzeption von Vorrichtungen über standardisierte Funktionsbaugruppen sollen etwa 70-80% der Entwurfsarbeit in einem Entwurf algorithmierbar werden. Der Einsatz von Funktionsbaugruppen in der Entwurfsphase hat bei den bisher behandelten Lösungen für die Montagevorrichtungen von Lagern und Wellendichtringen eine Zeitersparung von 50% ergeben. In diese Zeiteinsparung geht auch der durch die Standardisierung nicht mehr notwendige Zeitanteil für die Detaillierung der Funktionsbaugruppen ein. Der kombinierte Einsatz von standardisierten Funktionsbaugruppen und einem Expertensystem soll die 50% Einsparungen nochmal halbieren, so daß insgesamt, bei angenommenen 100% bei konventioneller Konstruktion, 75% der Entwurfszeit eingespart werden können *(Bild 6.7)*.

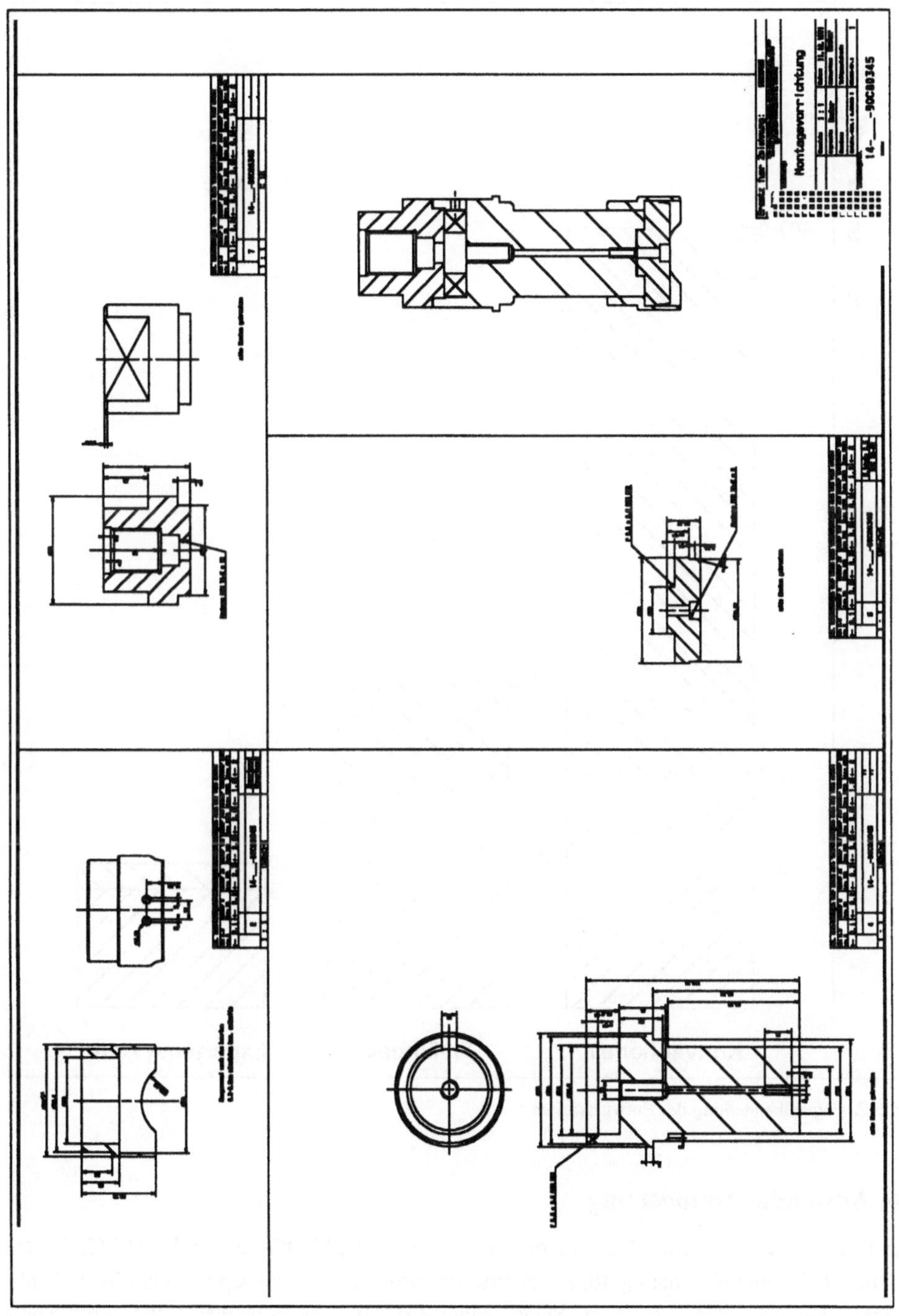

Bild 6.6: Konsultationsergebnis der Anwendung

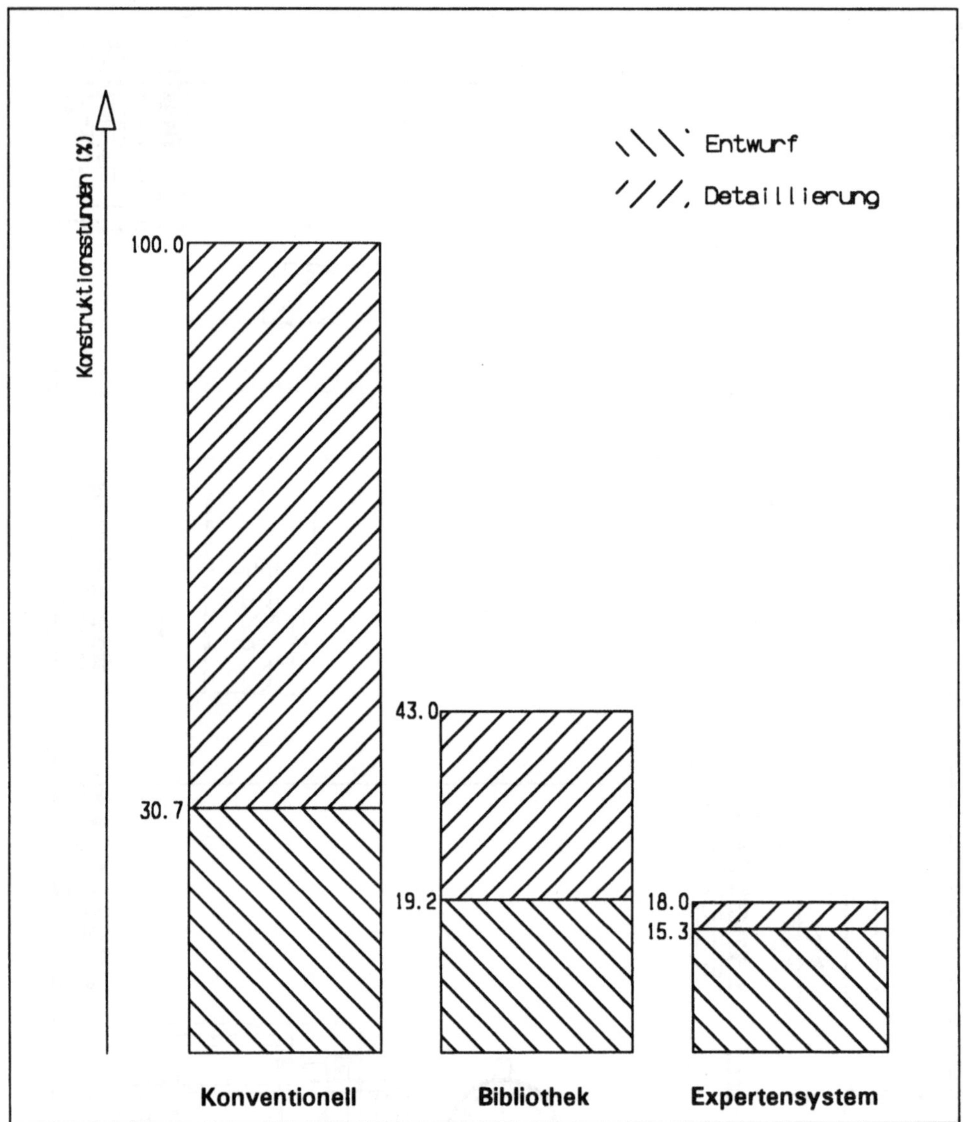

Bild 6.7: Gegenüberstellung der Entwurfszeiten

6.6. Anwendungsumgebung

Das ESE-CATIA-INTERFACE mit den Systemteilen DIALOG- und GEOMETRIE INTERFACE ist eine allgemeingültige Schnittstelle zwischen dem Experten- und CAD/CAM-System. Sie ist nach heutigem Stand anwendbar bei zweidimensionalen Problemen (DRAFTING). Eine Modifikation des Interfaces, um andere Module (NC, Kinematik, Robotik, 3D) von CATIA zu unterstützen, ist durch die Erweiterung des GEOMETRY INTERFACES möglich.

Im Gegensatz zur konventionellen Variantenprogrammierung mit Fortran ist eine Modifikation der Variantenstruktur im Expertensystem in kürzerer Zeit und mit weniger durchzuführenden Arbeiten möglich. Das langwierige Compelieren und Linken der Fortranprogramme entfällt.

Die Erstellung der Wissensbasis übernimmt in der Regel ein Wissensingenieur *(Bild 6.8)*. Er führt Befragungen der Experten durch, strukturiert das Wissen und die Erfahrungen der Experten und überträgt die Struktur durch Steuerbefehle (FCB) und Regeln, mit dem Entwicklungsmodul (DEVELOPMENT ENVIRONMENT) des Expertensystems, in die Wissensbasis. Die Architektur und die Kommunikationsfunktionen in ESE ermöglichen eine direkte Einbeziehung des Experten in die Neuerstellung von Wissensbasen. Bei entsprechender Ausbildung kann auch ein Experte ohne EDV-Kenntnisse, durch die "sprechende Eingabemöglichkeit", die Wissensbasis erstellen. Der Experte kann Wissensingenieur und Benutzer der Anwendung sein.

Die Weiterentwicklung von Wissensbasierten Systemen geht weiter in Richtung von anwendungsspezifischen, vorformulierten Werkzeugen. Durch die Variantenerzeugung über ESE ist kein Systemprogrammierer notwendig, der Kenntnisse in

Betriebssystemen (TSO),
Programiersprachen (Fortran)
und
CAD-Kenntnissen (GII)

benötigt, um Varianten zu erzeugen. Für den Anwender sind Expertensysteme verbesserte Programmierumgebungen, um Anwendungsprobleme mit der DV zu lösen.

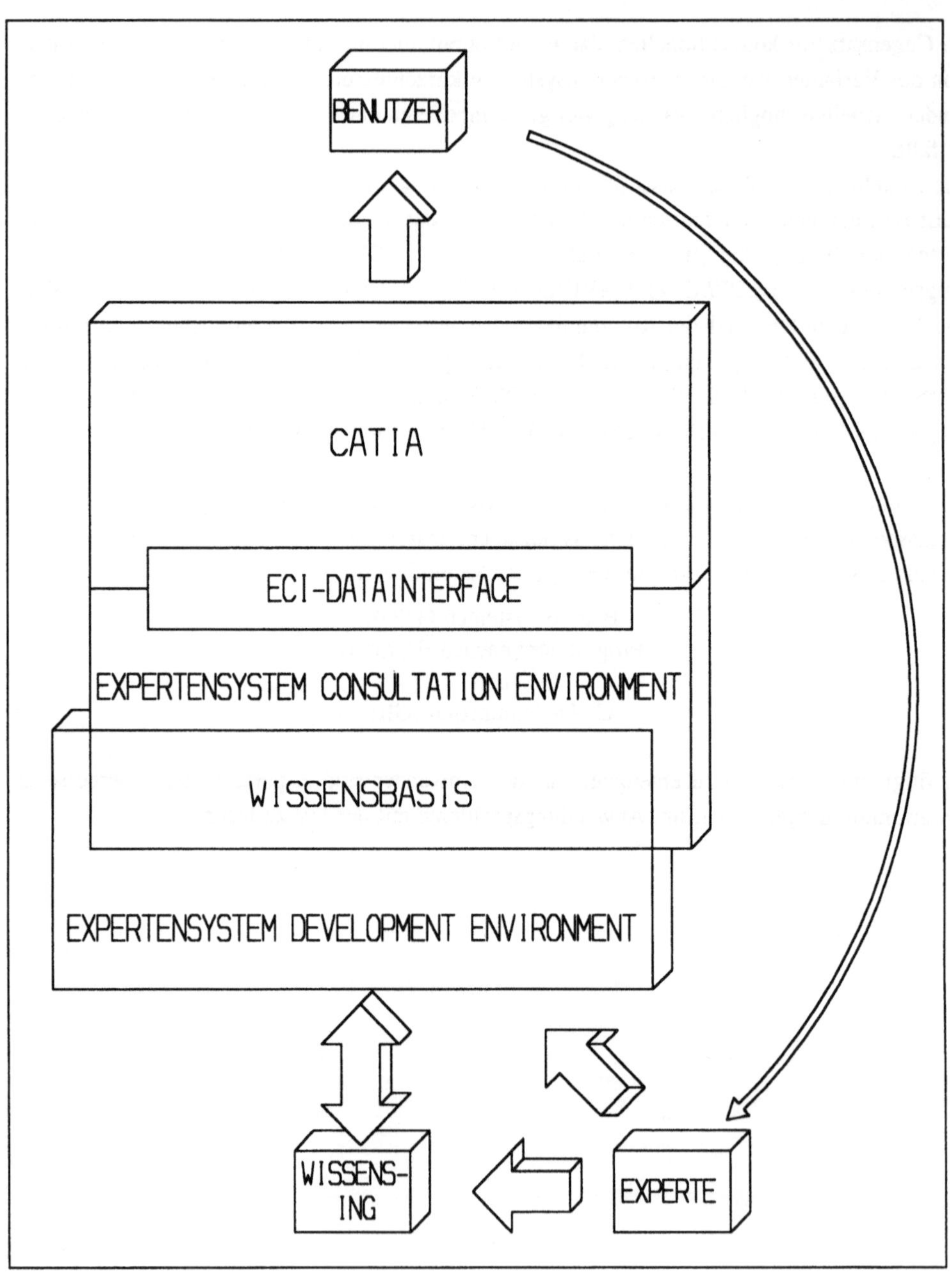

Bild 6.8: Anwendungsumgebung

7. Zusammenfassung

Das vorgestellte Konzept der Systemkopplung macht den Weg frei hin zur wissensbasierten Konstruktion. Das Außergewöhnliche an der vorgestellten Methode ist die gemeinsame Benutzeroberfläche der beiden Systeme KI und CAD/CAM, bei der ein Dialog zwischen dem Anwender und dem KI-Werkzeug umfassend aus dem CAD/CAM-Umfeld unterstützt wird. Informationen an das KI-System können durch Geometrieselektion in dem CAD/CAM-System erfaßt und an das KI-System übergeben werden. Durch die Unterstützung aus dem CAD/CAM-System heraus erhält das Expertensystem die Möglichkeit, zusätzlich zu den alphanumerischen auch geometrische Informationen zu verarbeiten. Durch die direkte Zusammenarbeit über ein auf beide Systeme angepaßtes Interface (ECI) geht keine Information verloren. Nicht grafisch verarbeitbare Informationen können im CAD/CAM-System über Attribute erfaßt und mit den Geometrieelementen in Zusammenhang gebracht werden. Über spezielle Funktionen in den CAD/CAM-Systemen (zB. REPORTER-Funktion bei CATIA) können nicht grafische Informationen, die über Attribute erfaßt wurden, ausgewertet und damit umfassende Fertigungs- und Steuerungsunterlagen (Stücklistenerstellung, NC-Programmierung usw.) erstellt werden.
Die Informationsbeschaffung ist zentrales Geschehen bei jeder Art von Problemlösungen. Über die Kombination von einem CAD/CAM- und KI-System, sowie der Anbindung an eine Datenbank, wird der CAD/CAM-Arbeitsplatz des Anwenders zur zentralen Informationsstelle für ein abgegrenztes Anwendungsumfeld.
Entwicklungen, die den Anwender noch weitgehender unterstützen, sind denkbar. Bei der Erfassung geometrischen Wissens, zur Verarbeitung in Expertensystemen, müssen neue Wege gefunden werden. Über Skizzen, die im CAD/CAM-System entworfen werden und deren Verarbeitung, über ein dafür erweitertes Interface, wird das Expertensystem in die Lage versetzt, geometrisches Wissen direkt in der Wissensbasis des Expertensystems abzulegen.

8. Erläuterung der Abkürzungen

API	Application Programming Interface + Schnittstelle des Expertensystems zu anderen Anwendungssystemen
CDM	CATIA Data Management
CDMA	CATIA Data Management Access
CGI	CATIA Graphic Interface - Modul von GII
ESE	Expert System Environment
DIM	Data Input Manager - Modul von GII
FCB	Focus Control Block Objekt des Expertensystems
FSD	Funktion Strukture Definition
GII	Graphik Interaktiv Interface + Schnittstelle in CATIA zur Definition von Funktionen
IUA	Interactiv User Access Programminterpreter für Fortranprogramme
MVS/XA	Multiple Virtual Storage / Extended Architecture Betriebssystem für IBM Großrechner

9. Literaturverzeichnis

[1] *Bernhardt, R.,*
Systematisierung des Konstruktionsprozesses.
1981, VDI Verlag, Düsseldorf

[2] *Mertens, P., Borkowski und Geis, W.,*
Betriebliche Expertensystemanwendungen.
Eine Materialsammlung.
1988, Springer -Verlag, Berlin

[3] *VDI (Hrsg.).*
Gerber, H, Burgermeister, W.,
Wissensverarbeitung im Konstruktionsprozeß.
VDI Berichte Nr. 700.2,
1988, VDI-Verlag, Düsseldorf

[4] *IBM (Hrsg.),*
Expert System Consultation Environment.
Users Guide in IBM Knowledge Prozessing Series.
Form SC 38-7005-0,
1987, IBM, Maryland

[6] *Kellner, Vu-Han und Chudziak, D,*
Allgemeines Werkzeug Konstruktionssystem für Kleinpreßwerkzeuge.
CAD/CAM: 3(1990). S.100-105, Verlag für Computergrafik, München

[7] *VDI (Hrsg.),*
Phal, G.,
Anforderungen an die Wissensverarbeitung aus der Sicht der Konstruktion.
VDI Berichte 775
1990, VDI-Verlag, Düsseldorf

[8] *Roth, K.,*
Konstruieren mit Konstruktionskatalogen.
1982, Springer Verlag, Berlin

[9] *VDI (Hrsg.),*
Rationelle Vorrichtungskonstruktion,
Methoden und Hilfsmittel,
1983, VDI-Verlag, Düsseldorf

[10] *VDI (Hrsg.),*
Krause, F.-L. und Lehmann, C.M.,
Erweiterung des rechnergestützten Konstruierens durch Wissensverarbeitung.
VDI Berichte 775
1989, VDI-Verlag, Düsseldorf

[11] *Bernhardt, R.,*
In der Konstruktion beginnt die Rationalisierung.
1985, Hüthig Verlag, Heidelberg

[12] *Nebendahl, D.,*
Expertensysteme.
Einführung in Technik und Anwendung,
Siemens Aktiengesellschaft, Berlin

[13] *IBM Deutschland (Hrsg.),*
CATIA Benutzerhandbuch BASE,
IBM. -Form GE12-1638-0,
1986, IBM, Stuttgart

[14] *Ritter, D. und Käse, S.,*
Entwicklung eines Expertensystems zur automatischen Erzeugung von Fertigungszeichnungen komplexer Montagebaugruppen.
1990, Gesamthochschule Universität Kassel, Fachbereich 15, Diplomarbeit. Kassel

[15] *IBM Deutschland (Hrsg.),*
Expert System Environment.
Form GT-123675-0,
1988, IBM, Stuttgart

[15] *IBM Deutschland (Hrsg.),*
Schöll, R.,
Technische Datenbanken für den CATIA Anwender.
Referats-Kompendium,
1990, IBM, Leinfelden-Echterdingen

[16] *IBM Deutschland (Hrsg.),*
CATIA CDMA und CDM.
Zuverlässigse Basis für aktuelle Daten.
Form GT12-4383-0
1990, IBM, Stuttgart

[17] *Degen, M.*,
Erstellen einer Schnittstelle zwischen ESE und CATIA ohne Grafikeinbindung.
1990, Fachhochschule Wiesbaden, Fachbereich Maschinenbau,
Studienarbeit, Wiesbaden

[18] *Krämer, F.*,
Die Kopplung der CAD-Systems Catia mit der Expertensystemschale ESE.
1990, Fachhochschule Rheinland-Pfalz, Fachbereich Maschinenbau,
Diplomarbeit, Bingen

[19] *Scheu, H.*,
Konzeption und Implementation einer relationalen Datenbank und eines Transfer-Tools für Produktionsregeln.
1990, Universität Karlsruhe, Institut für Wirtschaftstheorie und Operations Research,
Diplomarbeit, Karlsruhe

10. Sachwortverzeichnis

V

W

Z